中国水安全评估与水资源管理战略

李原园　黄火键　田英　等 编著

·北京·

内 容 提 要

本书从宏观层面概述中国水安全状况，评估解决水安全问题的政策和制度要求，提出加强和改革的战略领域，明确有效解决水安全问题的主要措施。全书以2014年为现状年，对水资源、供用水、水环境、水灾害等进行了总结，并对2030年水资源配置、水污染负荷的发展趋势进行了预测分析，为水安全评估和水资源管理提供了重要参考。

本书可供从事水利规划、水资源管理等相关工作的科研、技术和管理人员阅读，也可供相关专业的高校师生参考。

图书在版编目（CIP）数据

中国水安全评估与水资源管理战略 / 李原园等编著
. -- 北京 : 中国水利水电出版社, 2021.11
ISBN 978-7-5226-0238-7

Ⅰ. ①中… Ⅱ. ①李… Ⅲ. ①水资源管理－安全管理
－研究－中国 Ⅳ. ①TV213.4

中国版本图书馆CIP数据核字(2021)第226397号

书　名	**中国水安全评估与水资源管理战略** ZHONGGUO SHUI'ANQUAN PINGGU YU SHUIZIYUAN GUANLI ZHANLÜE
作　者	李原园　黄火键　田　英　等　编著
出版发行	中国水利水电出版社 （北京市海淀区玉渊潭南路1号D座　100038） 网址：www.waterpub.com.cn E-mail：sales@waterpub.com.cn 电话：（010）68367658（营销中心）
经　售	北京科水图书销售中心（零售） 电话：（010）88383994、63202643、68545874 全国各地新华书店和相关出版物销售网点
排　版	中国水利水电出版社微机排版中心
印　刷	北京印匠彩色印刷有限公司
规　格	170mm×240mm　16开本　11.25印张　136千字
版　次	2021年11月第1版　2021年11月第1次印刷
印　数	001—600册
定　价	**80.00**元

前言

随着经济社会的快速发展，水资源短缺、水生态损害、水环境污染、水风险加剧等水问题愈加凸显，未来水或将成为导致全球或局部地区动荡和战争的导火索。水安全是国家安全的重要组成部分，关系到资源安全、生态安全、经济安全和社会安全。随着水安全上升为国家战略，关于水安全的认识和理解不断深化。水的动态性、水问题的复杂性，使得水安全保障成为一个复杂的系统工程。水安全系统，从理论到实践都需要进行长期深入的探索研究。

为更好地从宏观层面推进我国水安全保障工作，本书从现实状况入手全面评估中国水安全总体态势以及水资源、水生态、水环境、水灾害领域安全状况，从战略层面深入探讨水资源管理战略框架，从操作层面全面提出加强水安全保障的政策建议，以促进实现将水资源开发利用降低到可持续的水平，将水生态环境修复到可良性循环的水平，将水安全风险降低到可接受的水平。

本书主要内容分为以下两大部分。第一部分为第 1～4 章，概述了本书所采用的概念框架和方法，简要介绍了中国淡水资源面临的问题和现状，并主要关注中国政府用以解决水问题的法律和政策环境。第二部分为第5～9章，深入探讨和分析了中国国家水安全评估的结果，介绍了改善水资源管理的驱动因素，提出了水资源管理的战略框架，总结了改善中国水安全的政策建议，并展望了亚洲开发银行和中国进一步开展合作的机遇。

本书以2014年为现状年，对水资源、供用水、水环境、水灾害等多个方面的历史趋势进行了总结，并对2030年水资源配置、水污染负荷的发展趋势进行了预测分析，支撑战略框架和政策建议的提出。本书数据来源为中国统计年鉴、中国水资源公报等公开数据资料。在分析研究过程中由于数据的"四舍五入"，表格合计数据可能存在一定误差。

2016年，李原园、黄火键、王金南、莫罹、唐克旺、裴源生、钟丽锦、曹建廷、李云玲、丁跃元、田英、于丽丽、何君、袁勇等国内专家和技术人员以及国际专家Daniel Gunaratnam、Bruce Flory、Philippe Bergeron、Jose Furtado共同参与了亚洲开发银行技术援助项目"中国水行业发展研究"，编写了项目报告*Country Water Assessment of the People's Republic of China*。2019年，亚洲开发银行在该项目报告的基础上出版了英文著作*Managing Water Resources for Sustainable Socioeconomic Development: A Country Water Assessment for the People's Republic of China*。

为更好地展示我国水安全领域的研究与实践成果，本书作者李原园、黄火键、田英、于丽丽、何君等在亚洲开发银行技术援助项目"中国水行业发展研究"项目报告和英文出版物的基础上进行了归纳和整理，编撰了本书。本书共9

章：第 1 章、第 5 章、第 8 章由田英、耿晓君编撰；第 2 章由黄火键编撰；第 3 章由何君、田英编撰；第 4 章和第 7 章由于丽丽编撰；第 6 章由何君编撰；第 9 章由王鼎编撰；全书由李原园统稿。本书在编撰过程中得到水利部和亚洲开发银行的大力支持，在此表示感谢。

由于作者水平有限，书中难免出现疏漏，敬请读者批评指正。

作者

2021 年 3 月

目录

第1章

绪　论

《中华人民共和国国民经济和社会发展第十三个五年规划纲要》（以下简称“十三五”规划）详细阐述了中国的发展方向。“十三五”规划要求努力提高资源开发利用效率，大幅降低主要污染物的排放量；重点关注推动京津冀地区协同发展和建设长江经济带；促进城乡一体化发展，拓宽乡村发展空间，采取定点扶贫措施。规划的一项重要政策目标是提升自然生态系统（如森林、河流、湖泊、湿地和海洋）稳定性，确保其提供生态系统服务。

在20世纪，中国的人口、经济和产业均持续加速增长，造成淡水资源短缺、生态破坏和水污染等一系列日益严重的问题，增加了水旱灾害风险的影响程度。在一些地区，水资源开发已经超过水资源承载能力或接近极限值；水质恶化破坏了生态系统的正常功能，人类干预导致的水风险急剧增加。换句话说，中国当前严峻的水安全形势已经成为制约其可持续发展的一个主要因素。

现在人们已经普遍认识到，必须大力改变传统的水资源开发和管理方式，才能支撑中国在21世纪的可持续发展。为了避免给子孙后代带来灾难性后果，必须做出全面持续的承诺，并立即采取行动，毫不拖延地实施将水资源利用恢复到可持续平衡状态所需的战略和行动，从而修复健康的水生态系统，并将水风险降到可接受范围内。

考虑到水安全对国家可持续发展的重要性，同时为了保障水安全，亚洲开发银行（以下简称“亚行”或“ADB”）和中国水利部及财政部合作，发起了国家水资源评估技术援助项目（项目中文名称：中国水行业发展研究）。该项目于2015年5月启动，分别于2015年6月、2015年11月和2016年6月举办了启动研讨会、中期研讨会和最终研讨会，这些会议分别审阅了初始报告、中期报告和最终报告，均有利益相关方的广泛参与。

本书总结了国家水资源评估的成果。第2章概述了本书所采用的概念框架与方法；第3章研究了中国淡水资源的现状与趋势现状；第4章主要关注中国政府用以解决水问题的法律和政策环境；第5章深入探讨和分析了中国国家水安全评估的结果；第6章强调了改善水资源管理的驱动因素；第7章提出了水资源管理的战略框架；第8章总结了改善中国水安全的政策建议；第9章展望了中国水资源管理的国际合作。

1.1 淡水资源状况

水资源对中国的经济社会发展至关重要。中国年淡水资源总量为28412亿m^3，人均淡水资源占有量约为2026 m^3，仅相当于世界平均值的27%。此外，中国的水资源在空间和时间上的分布非常不均衡。例如，华北地区的土地面积、人口、耕地面积分别占全国的64%、46%和60%，但其水资源仅占全国的19%。

2014年，中国供水总量约为6095亿m^3，其中81%来自地表水供水。水资源开发利用程度在全国是不均匀的，华北和西北地区开发利用程度高，而东南沿海和西南地区的开发利用程度相对较低。农业用水占用水总量的60%以上。生活用水和工业用水占比在经济发达地区较高，而农业用水占比在经济相对落后地区较高。2014年，中国人均用水量447 m^3，远低于美国和其他发达国家水平。中国农村自来水普及率为75%。

在水质问题方面，2014年全国城镇生活污水和工业废水排放量达到771亿m^3，其中估计有610亿m^3的废污水进入了水体。虽然近年来一些地方的地表水质量有所改善，但地下水污染在部分地区仍然是突出问题。2014年，9%的地表水国控断面被评为劣Ⅴ类水质。

中国有55%以上的陆地面积属于生态脆弱区，其中大部分位于水资源短缺、植被覆盖率低的中西部地区。这些地区一般比较贫困，对生态系统的稳定性高度敏感，容易受人类活动的影响，而且保护和恢复难度较大。

此外，中国每年水旱灾害频发，制约了经济社会发展。2012—2014年，水旱灾害造成的年均损失约占同期国内生产总值（GDP）的0.6%，受灾影响人口约为1.246亿人。

以下是中国面临的主要水问题。

（1）水资源短缺。造成水资源短缺的原因包括：天然水资源不富裕，水资源供不应求，全国范围内城镇、工业和农业用水效率低。全国缺水量估计每年达到500亿m^3，其中海河、辽河和黄河缺水较为严重。

（2）水污染严重。由于水污染负荷增加和污水未经处理直接排放等，许多水体的污染物量已经超过生态纳污能力。一些湖泊和水库出现富营养化。地下水污染已经从城镇蔓延到周边地区。

（3）水生态系统退化。中国许多河流和湖泊的水生态系统已处于退化的早期阶段，一些地区水生态退化已经过了临界点，生态恢复难度极大。

（4）水旱灾害防治能力不足。部分重要江河防洪工程体系尚不完善，中小河流尚未进行系统治理，城市防洪除涝建设相对滞后，洪水风险管理体系尚不完善，应急抗旱水源工程建设滞后等。水旱灾害频发已威胁到地区经济发展、民生福祉和社会安全。

（5）水资源利用效率低。虽然近年来用水效率有所提升，但整体水平仍然较低。城市供水管网漏水率高达15%，万元工业增加值用水量60 m^3，而农田灌溉水有效利用系数为0.53。这些数据表明，中国与发达国家之间水资源利用效率存在较大差距。

（6）水服务能力不足。供水管理和污水处理服务方面存在严重薄弱环节。与供水管理相比，城镇污水管理不善，而农村地区的污水收集和处理能力则更为薄弱。

（7）水治理环节薄弱。水资源相关法规不完善、执法有待加强、公众对水事的参与度有限以及市场和经济手段调动不足，这些问题都加剧了中国面临的水安全风险。

1.2 法律和政策环境

中国在完善法律框架和实施水资源管理机构改革方面已经取得显著进展。中国政府十分重视执法工作，并已加强公众参与和监督，在制定和实施法律方面尤其如此。

与此同时，中国已制定并实施与水资源相关的重大政策和宏观策略，包括京津冀协同发展和长江经济带发展，这些都有助于改善水资源管理。

中国政府制定了流域内和跨流域水量分配方案，同时还实施了更为严格的监管和经济手段，例如启动了水权交易和排污权交易。此外，也加强了水资源监测和计量。

正在实施的具体政策如下：

（1）设置了用水总量、用水效率和水功能区限制纳污三条红线。

（2）旨在保护生态系统的生态红线政策。

（3）旨在推动农业发展、改善农村环境、改善农村治理、提高农村生活水平的乡村振兴战略。

（4）旨在解决城市内涝问题和改善城市宜居水平的海绵城市建设。

（5）推行河长制，任命各级党政领导干部担任“河长”，以改善水治理。

这些政策发展成为加强中国水安全的重要边界条件，并为加强中国水安全提供了配套工具。

1.3 水安全评估：提供水相关服务

本书所提及的“水安全”取自联合国给出的广义定义，即以可靠和可持续的方式、在可接受的水相关风险范围内，为人们的健康、生活和生产提供可接受数量和质量水平的水资源（联合国水安全工作组）。为了更好地了解中国当前面临的水安全状况、协助制定未来的水资源情景和政策，进行了全面定量的水资源评估，在评估工作中参考了亚行 2016 年《亚洲水发展展望》所采用的思路和原则。

中国水资源评估方法涉及水安全的五个维度：生活水安全、生产水安全、环境水安全、生态水安全和水旱灾害防治。根据中国当前面临最重要的水安全风险，确定了 20 项评估指标，在省级层面进行了评估，并在国家层面汇总评估结果。同时预测了 2030 年水安全状况，以评估未来的水安全风险。

评估的总体结果表明，中国当前的水安全状况属于“基本安全”级别。生活水安全和水旱灾害防治属于“较安全”水平，而生产水安全、环境水安全和生态水安全处于“基本安全”状态，其中环境水安全处于基本安全的较低水平，介于“较不安全”和“基本安全”之间。中国当前水安全的状况表明，未来仍有进一步提高水安全保障程度的空间。

关于水安全和设定加强水安全具体目标的另一个视角是考虑可持续发展目标，特别是关于水资源的可持续发展目标 6。为此，中国政府已经明确了到 2030 年实现可持续发展目标 6 的具体行动。

1.4 改善水资源管理的驱动因素

自 1949 年以来，中国在经济社会发展方面取得了巨大进步，实现了长期、持续、快速和稳定的经济增长，其经济结构也逐渐从第一产业向更高质量的第二产业和第三产业过渡。

中国有超过 13.7 亿的人口，是世界上人口最多的国家。2014 年，中国城镇化率已经达到 54.8%。2010—2014 年，中国人口自然增长率下降至 5‰左右。人口从西部向东部地区流动，从寒冷的东北地区向南方地区流动，从农村向城镇流动。中国人口目前面临两大难题：老龄化和城镇化。城镇化的主要驱动力是农村地区人口向城镇流动，劳动力从农业流向工业和服务业。随着城镇化加速，中国建立了城市群和长江经济带等经济区，它们已经成为中国的经济增长中心。

改革开放以来，中国城乡居民的收入水平和消费水平都大幅提升，消费结构也发生了变化。然而，不同地区居民的生活水平大相径庭。就业人口增加，就业结构也发生了巨大变化，第三产业已成为吸纳就业的主力军。

虽然人口和经济增长是改善中国水资源管理的主要驱动力，但也要考虑下列情况：

（1）气候变化。气候变化预计会增加中国水旱灾害发生的频率和强度。海平面上升预计也会对中国沿海地区造成负面影响。

（2）能源开发。能源开发是在经济发展、改善民生福祉、水力发电以及需要冷却水的背景下进行的，所有这些都会影响水资源系统。

（3）乡村发展。其中包括中国政府的相关政策目标（如乡村振兴战略），这些也会演变为促进改善水资源管理的驱动要素。

（4）水-粮食-能源联系。这种联系指的是水资源短缺、水污染或气候变化对粮食和能源生产造成的影响。

（5）扶贫。改善供水和水服务（包括完善水利基础设施）对政府的扶贫工作至关重要，在中国的贫困地区尤其如此。

1.5 水资源管理的战略框架

中国政府把水安全视作国家安全的一个关键维度。最近出台的许多国家政策都与水资源管理、水资源保护和水资源可持续利用相关。“十三五”规划所用指导方针概述了水安全的重要性，并提出了降低水风险（尤其是水质问题、缺水和生态持续恶化）的要求。

1.5.1 目标

提高中国水安全保障程度的战略目标主要包括五个方面：①加快发展绿色经济；②完善现代水利基础设施网络；③提升水服务；④加强水生态保护和修复；⑤水治理和水管理现代化。

基于2000年以来水资源管理经验，并以2014年为基准年，提出三种假设情景（低方案、中方案、高方案），分析相关参数（如不同的发展水平、节水途径、供水方案以及污水处理方法等）。此分析涵盖到2030年前，并阐述了涉水部门的改进措施。

1.5.2 战略

（1）促进实现人水和谐共处。包括：①建立水资源承载能力预警系统；②结合用水情况优化经济发展；③加强流域综合规划。

（2）高效利用水资源。包括：①通过合理控制农业用水、节水灌溉、农艺节水技术和改善农业管理，加强农业节水；②通过实施用水器具节水标准、城市管网漏损控制项目、加征水费等措施，加强城镇和商业节水；③通过推进高耗水产业结构调整和节水改造，加强工业节水。

（3）建设更高效的水利基础设施网络。包括：①完善大江大河干流、主要支流、中小河流和山洪沟的洪灾防御体系；②开发新的水资源，优化供水网络；③推动利用非常规水资源，发展应急备用水源；④通过修复和升级大中型灌溉系统，完善农村水利基础设施建设；⑤完善城镇水利基础设施，包括采用海绵城市建设方式进行发展。

（4）为城乡地区提供更好的水服务。包括：①扩大水服务的覆盖范围；②提高水服务标准；③增强水服务的稳定性和可靠性，包括促进城镇供水；④改善农村地区供水；⑤改善废污水处理服务。水服务的可持续运营和维护对保持高质量的服务至关重要。

（5）推动清洁水行动。包括：①设立水资源保护区；②通过倡导清洁生产以及推行废污水和污染物在源头分离，以加强工业污染防治；③加强污水处理厂建设，加强生活污染防治；④通过加强脆弱地区监测、限制化肥农药使用以及利用生物防护，加强面源污染管控；⑤通过强化废污水循环使用和再生水用于非供人使用的方面，加强废污水处理再利用。

（6）保护水生态系统健康和提高生态修复能力。包括：①控制水土流失和泥沙淤积，改善流域管理；②确保水生态系统的正常功能和自我修复能力；③加强水生态空间保护和修复；④保障生态流量（环境流），促进各水体连通性；⑤监管和限制滥用生态系统，以此促进栖息地综合控制和修复；⑥支持水生态修复；⑦有效控制和监测地下水开发利用情况。

（7）推动现代水治理。包括：①加强立法和监管；②加强水生态空间管控、取水许可证发放和证后监管、排污许可证发放和证后监管、生态流量监管；③提高透明度和公众参与度；④在水行业运用经济手段；⑤全面加强从水资源开发到废污水排放的全过程监测，并加强管理和能力建设。

（8）加强水风险管理。包括：①编制全国水风险图；②开展水风险识别和标记；③加强水风险监管体系；④完善水风险预警和应急响应系统；⑤增强应对气候变化风险的适应性。

1.5.3 措施

改革中国当前水治理框架，使相关政策和体制能够更好地适应经济社会发展、水环境质量变化等所面临的多重水相关挑战。水治理涉及多个方面，每个方面都要求有具体的法规、权威的手段和有效的管理来保障总体水安全。

因此，建议采取下列措施，完善中国水治理政策。

（1）加强立法和政策制定。包括：①修订部分法律，并制定新的法律法规；②提高政策协调性；③填补政策空白；④完善水权制度；⑤完善取水许可和排污许可制度。

（2）加强监管和执法力度。包括：①通过划定蓝线（可能被淹没的地区或边界）、绿线（禁止或限制开发的缓冲区）和灰线（可能影响水资源或受水资源影响的土地利用控制区），防止土地利用、城镇开发的永久性建筑物侵占水生态空间，以此保护水生态空间；②严格在水资源可利用量以内分配水资源，加强取水和用水监管；③有效控制将经过处理的工业废水和城镇污水排入水体；④加强对生态流量的监管；⑤定期分析和评估水安全和风险，强化水风险监管；⑥明晰各类水利基础设施资产产权和管护责任；⑦加强对水资源质量和数量、供水系统、污水处理排放以及水生态系统变化的计量和监测。

（3）推动公众和利益相关方的参与。改善公众获取水相关信息的开放程度、提高透明度以及更加开放水事务决策过程。依托可定量、可考核的绩效指标和目标，加大对各级政府和水服务部门管理者和决策者的问责。

（4）建立市场机制。包括：①在水服务、灌溉用水、取水以及排污等方面，更好地运用水价反映水资源稀缺程度、水质改善的需要以及供水和污水管理服务的全部成本；②建立水权市场和排污权市场，加强对水权和排污权交易的监管；③设立和完善工程建设市场，推进公私合作模式（PPP），提供创收型水服务；④建立涉水运营和管理市场，发展水服务企业，推进合同管理。

1.6 水安全的主要政策建议

为了改善中国的水安全状况，提出以下主要政策建议：①加强对水安全的领导和协调；②促进以综合方式开发和管理水资源；③完善法律和监管框架；④制定水生态保护的管控红线、生态准则和负面清单；⑤加强生态环境保护和修复；⑥推动水基础设施的升级、建设和管理；⑦加强需水管理和节约用水；⑧调动市场和经济手段；⑨增强透明度和公众参与；⑩加强研发和创新。

第 2 章

概念框架与方法

自 1950 年以来，中国政府一直通过一系列国民经济和社会发展的五年规划对其发展进行谋划，为公共部门和私营部门指明发展重心和目标。这些发展规划集中阐述国家已经取得的成就、近期发展愿景以及如何利用政策和投资来实现发展目标。这些五年规划逐渐关注到经济增长和环境尤其是与水资源之间的共生关系，但这种共生关系还未达到互惠的效果。“十三五”规划的成功实施取决于水资源能否继续扮演经济发展和生态保护的双重角色。

一方面，“十三五”规划号召提高资源开发和利用的效率，大幅降低主要污染物的排放；另一方面，该规划推动京津冀地区和长江经济带的经济发展，通过提出“丝绸之路经济带”和“21 世纪海上丝绸之路”倡议，将中国的具体目标进行跨大陆拓展。在地方层面，“十三五”规划号召继续推进城乡一体化，拓展乡村发展空间，出台定点扶贫措施。规划还旨在提高森林、河流、湖泊、湿地、海洋及其生态系统功能的稳定性。

水资源经济学家警告称，未来 10～15 年，水将是中国在持续发展道路上面临的最迫切需要解决的资源瓶颈。各行各业不断增长的水资源需求和日益紧缩的水资源供给之间存在差距，这种差距迫使各行各业用更少的水资源做更多的事情。此外，中国属于年人均淡水资源占有量最低的大国之一。中国必须面对的其他难题包括：水资源在北方农业区和南方工业区之间分布不均衡、降雨分布不均衡、自然条件容易导致旱季漫长和多年干旱。另外，气候变化带来了巨大的不确定性、危害和损失。每年，水资源短缺和水污染的直接影响给中国造成的损失估计相当于GDP的2.3%左右。各类污染造成的损失估计达到GDP的6%～9%。中国的经济增长、城市发展和人口增加会继续推高多个部门对水资源的需求。

中国政府决心维持经济增长，目标是实现年均6.5%的GDP年增长率，以及到2020年实现人均GDP在2010年基础上翻一番。中国政府指出，将通过增加国内消费来实现这一目标，这就需要将拥有可支配收入的人口集中在城市。根据“十三五”规划，到2020年有60%的人口居住在城镇，中国全面建成小康社会。

鉴于水资源有限且处于困境，中国现在的挑战是以最低的环境成本实现经济目标。中国的经济保持中高速增长，而退化的水系统修复缓慢，两者之间的紧张关系在“十三五”规划实施期间不断加剧。

若希望水资源为中国在21世纪继续实现可持续增长提供支撑，并避免给子孙后代带来灾难性后果就必须采取行动，将水风险降到可接受水平。

2.1 国家水资源评估研究

亚行与中国水利部和财政部合作开展了国家水资源评估研

究。这项研究于 2015 年 5 月开始，历时一年，经过了数次磋商。国家水资源评估研究总结了影响水资源、水服务提供、气候适应能力以及中国长期前景的法律法规、政策、规划和实践。

本书概述了国家水资源评估的主要发现、结果分析和相关建议。国家水资源评估报告也为亚行的水利业务和国家伙伴合作战略提供了信息和支撑，从而有助于更好地编制亚行与中国国家伙伴合作战略。

2.2 概念框架

图 2.1 所示的概念框架概述了本书的篇章结构，描述了国家水资源评估项目所开展的活动，强调了对相关问题和评估结果的分析。

2.2.1 淡水资源状况

国家水资源评估研究的第一步是概述中国淡水资源的现状，重点关注水资源供需缺口以及缩小供需差距需要采取的措施。

2.2.2 法律和政策环境

水治理各要素决定了保障总体水安全所需的有利环境。国家水资源评估报告分析了中国当前与水相关的政策，以制定措施改善水安全形势并提出新的政策建议。项目评估了有关水资源利用、水量分配、水污染防治、防洪、污水排放、水权交易、排污权交易和水资源定价等方面的政策。从政策引导、协调、系统和完整性等角度对这些政策进行了评估，还举办了一系列研讨会和讨论会，以讨论相关战略并评估提高水安全建议措施的可行性。

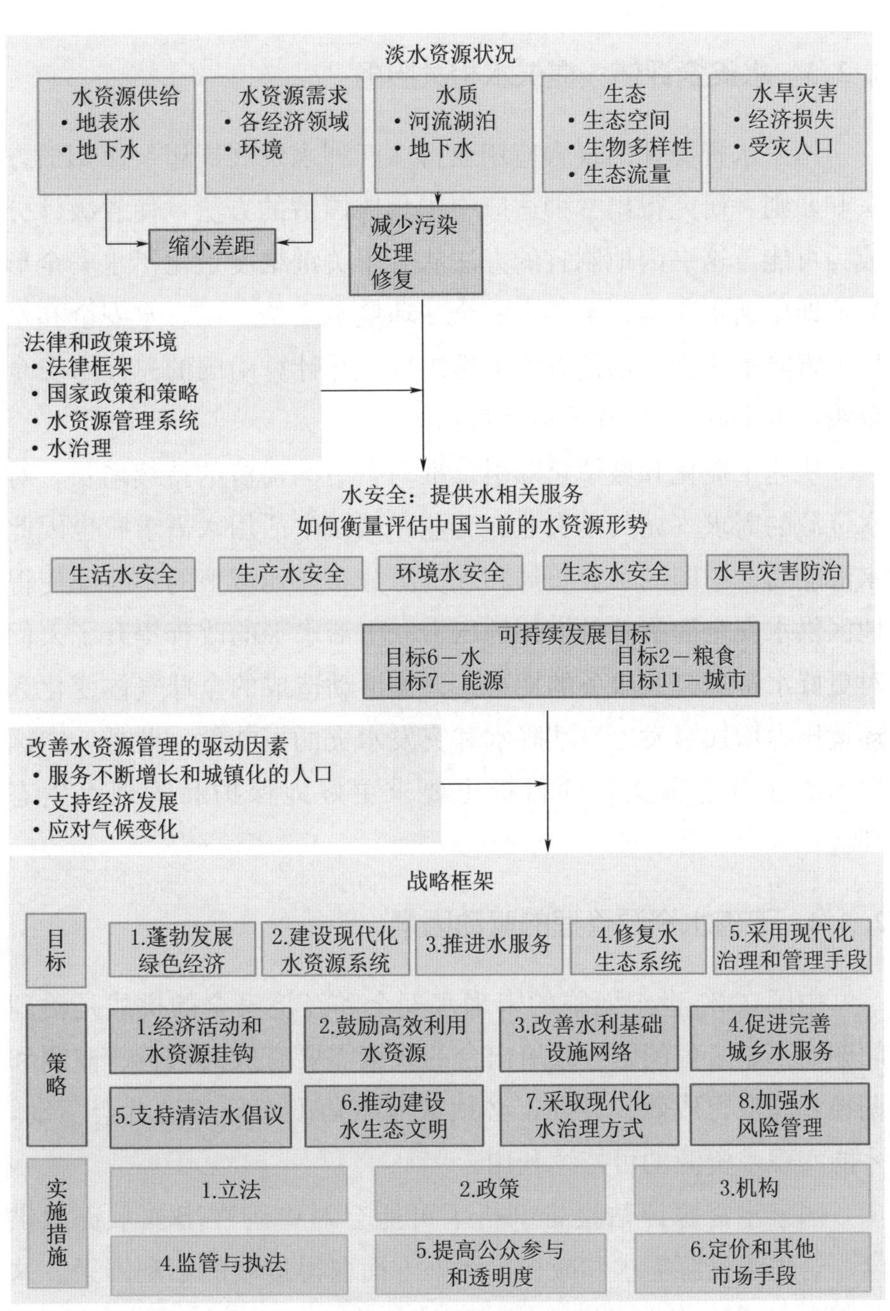

图 2.1　中国国家水资源评估概念框架

注：资料来源于亚洲开发银行。

2.2.3 水安全评估：提供水相关服务

国家水资源评估报告应用亚行《亚洲水发展展望》使用的方法和原则，研究得出一种适应中国具体国情的方法，使省级计分成为可能。这一因地制宜的方法从五个关键维度量化了水安全形势，即生活水安全、生产水安全、环境水安全、生态水安全和水旱灾害防治。为评估这五个关键维度，并计算中国的总体水安全等级，本书确定了 20 项可计量指标。

快速工业化和城镇化双引擎推动了中国经济的持续增长，对水资源的需求（尤其是农业、工业和城镇生活用水需求）也因此水涨船高。中国的工业布局和水资源分布在地域上的不匹配使得地区供水安全面临日益增加的压力。生活水平的改善提升了人们对更好水资源公共服务的期待。人类活动造成的全球气候变化和环境压力增加了发生极端降水和突发水灾的可能性。此外，中国提出的建设生态文明的目标也要求更好地保护和管理水生态环境。

2.2.4 改善水资源管理的驱动因素

中国在 21 世纪面临的未来水安全和经济安全的挑战是治理问题而不是工程问题。政府出台的政策需要有效的执行、监测和调控才能取得成效。另外，必须从战略角度布局经济社会活动，才能实现水资源的可持续利用。

国家水资源评估报告剖析了可能会对中国在增加水资源供给、管理水资源需求和减少水污染方面取得进展的不利因素。这些因素包括快速人口增长、快速城镇化、经济发展、气候变化、能源开发、乡村发展、生产压力（水-粮食-能源联系）和贫困。

2.2.5 水资源管理的战略框架

中国政府将水安全视为国家安全的一个关键维度。最近出台的许多国家政策都提高了对水资源管理、水资源保护和水资源可持续利用的要求。“十三五”规划确认了中国缓解水风险的承诺，尤其是对于解决水污染、可用水资源和生态退化等问题的承诺。

国家水资源评估报告针对中国的水资源开发提出了总体综合战略，该战略侧重可持续水资源管理方面，以期改善中国的水安全形势。报告阐述了解决破坏经济社会长期可持续发展诸多广泛问题的全面战略框架，这些问题包括：水资源短缺、水污染、水生态退化以及水旱灾害等。国家水资源评估报告提出八项战略，之所以确定这些战略是因为它们有能力在支撑经济的同时，使得经济活动和发展（尤其是城镇化）与水资源和环境的承载能力相协调。

2.3 评估中国水资源的方法

国家水资源评估报告不仅分析了中国的水资源利用情况，还评估了机构和立法治理、社会和人类活动、经济发展和生态环境过程对中国水资源的影响。评估在空间和时间两个维度进行，有利于根据国家、地区和流域各级的分析汇总形成相关建议。多学科技术和数据系统为综合定量研究提供了支持。本书所采用的方法有以下突出特点。

2.3.1 综合信息和数据库

国家水资源评估收集了有关各行业各地区水资源利用情况及其所受影响的详细信息和数据。对这些数据进行分析并将其输入综合数据库，其中包括以下事实和数字。

（1）社会经济。包括以下要素对水资源产生的影响：人口（城镇和农村）、GDP（第一产业、第二产业、第三产业；各细分行业）、土地利用、农业生产（粮食生产、作物结构和畜牧业）、城市发展（结构和规模）和能源开发（能源产量和消耗）。

（2）水资源现状及其开发。根据降水趋势、可用地表水和地下水水量、水质、不同水源（如地表水和地下水等）的供水和用水情况（包括城镇用水、生活或居民用水、工业用水和农业用水等），预测未来的水资源形势、供给和需求情况。

（3）水污染。包括因城镇生活污水和工业污水排放、农村生活垃圾以及面源污染特别是农业面源污染等问题造成的水资源现状。

（4）淡水生态。指超采地下水、侵占最低生态流量以及水土流失等导致的水生态系统状况。

（5）水旱灾害。涉及洪水和干旱灾害发生的频率和强度及其对受灾人口和作物区等带来的直接损失和影响。

2.3.2 定量分析

国家水资源评估研究开发了以下工具，并以这些工具为依据提出了相关措施，以改善中国的水安全形势并设立相关目标。

（1）水资源供需平衡模型。根据三种不同的节水情景（低方案、中方案和高方案）估算了不同行业和地区的水资源需求。分析内容包括不同省份、地区和水资源一级区的未来经济社会发展指数（包括人口增长、城镇化、经济增长和产业结构调整等）。根据降水频率分析水资源供需情况，以通过了解水资源面临的限制、生态环境用水的需要以及供水和节水的可行性来实现合理分配水资源。

（2）水污染负荷分析模型。根据污染程度和管理水平，假设了三种水污染处理情景（低方案、中方案、高方案），得出对以下污染物当前和未来排放情况的估算结果：①城镇和城市生活以及工业点源污染造成的废污水、化学需氧量和氨氮的排放量；②农田径流、城镇径流、农村生活垃圾和畜禽饲养造成的面源污染中化学需氧量、氨氮、总氮和总磷的排放量；③水土流失情况。针对各类水体运行了该模型。

水资源供需平衡模型和水污染负荷分析模型的研究结果为中国水资源情况概述提供了支持。

（3）水安全评估模型。国家水资源评估研究采用亚行《亚洲水发展展望》所述原则，开发了水安全评估模型。该模型包含评估水安全五个关键维度的 20 项指标。这五个关键维度分别是生活水安全、生产水安全、环境水安全、生态水安全和水旱灾害防治。

对本模型的详细介绍以及相关的分析和发现见第 5 章。

（4）水灾害风险评估模块。本书根据各种气候变化预报，测算了过去的气候变化演变规律，分析了未来的气候变化趋势以及气候变化可能对水资源供给和水风险抗御能力产生的影响，同时提出了防洪抗旱建议。详细探讨了用于提高水风险抗御能力、为保障水安全提供支撑的途径。

2.3.3 空间分布差异

对 31 个省、自治区、直辖市和特定水资源一级区的水资源、水环境、水生态、水安全形势和水风险进行了系统的分析和评估（评估数据未包括中国香港特别行政区、澳门特别行政区和台湾省的数据）。为了方便表述评估结果，将这些结果汇总成六大经济地理分区和十大水资源一级区。表 2.1 列示了这些地区和水资源一级区的基本信息。

六大经济地理分区如下。

(1) 东北地区：黑龙江省、吉林省、辽宁省以及内蒙古自治区的赤峰市、兴安盟、呼伦贝尔和通辽市。

(2) 华北地区：河北省、河南省、山东省、山西省以及北京市和天津市。

(3) 东南沿海地区：福建省、广东省、海南省、江苏省、浙江省、上海市，以及广西壮族自治区的部分地区（不包括百色市、河池市和崇左市)。

(4) 华中地区：安徽省、湖北省、湖南省和江西省。

(5) 西南地区：贵州省、四川省、云南省、西藏自治区、重庆市，以及广西壮族自治区的百色市、河池市和崇左市。

(6) 西北地区：甘肃省、青海省、陕西省、宁夏回族自治区、新疆维吾尔自治区，以及内蒙古自治区的中部和西部地区（不包括赤峰市、兴安盟、呼伦贝尔和通辽市)。

2.3.4 假设情景

评估预测了 2020 年和 2030 年的水安全情况。根据发展形势或增长速度（经济增长、产业发展和人口增长）以及为改善具体情况所付出努力的程度和强度（如增强水安全的措施或减少水污染的措施)，界定了三种水安全假设情景（低方案、中方案、高方案)。

2015—2030 年，在低方案、中方案、高方案三种假设情景下中国的 GDP 平均增长率预计分别为 5.4%、6.1%和 6.6%。在低增长情景下（低方案)，中国的产业增长率略低于 GDP 增长率，到 2030 年，中国产业对国民经济的贡献率将下降到 36%左右。在经济社会中速发展情景下（中方案)，2030 年中国人口预计将达到14.5亿，之后增速会缓慢下滑。人口将主要集中在华北和东南沿海地区，即珠江三角洲地区、长江三角洲地区和京津冀地区。在详细比较了三种假设情景的分析结果后，在国家水资源评估报告中采用了经济社会中速发展情景。

表2.1　　按地区和水资源一级区进行的区划

地区/水资源一级区		面积/万km^2	1956—2000年多年平均水资源量/亿m^3	2014年人口/万人	2014年GDP/亿元
全国		960.0	28412	136246	684349
地区	东北地区	119.3	1551	11853	63689
	华北地区	69.4	1085	33926	173605
	东南沿海	74.9	7210	35133	237908
	华中地区	70.4	5006	23178	90980
	西南地区	236.4	10851	20384	68152
	西北地区	378.0	2709	11537	50406
水资源一级区	松花江区	92.2	1492	6445	28534
	辽河区	31.5	498	5654	33574
	海河区	31.9	370	14858	82311
	黄河区	79.5	719	11863	56159
	淮河区	32.9	911	19942	94985
	长江区	178.1	995	45279	223633
	东南诸河区	23.9	2675	7994	53413
	珠江区	57.5	4737	18497	93652
	西南诸河区	85.2	5775	2206	4718
	西北诸河区	335.7	1276	3273	13761

注　1. 人口和GDP数据按地区和水资源一级区汇总。
2. 人口和GDP数据不包括中国香港特别行政区、澳门特别行政区和台湾省的数据。
3. 资料来源：水利部水利水电规划设计总院. 中国水资源及其开发利用调查评价[M]. 北京：中国水利水电出版社，2014。

第3章

淡水资源状况

中国的淡水资源状况不仅由河流中流动的水量或者湖泊、水库和冰川中存储的水量决定，还取决于用水户排回河流系统的废污水的质量。

本章将阐述通过国家水资源评估所确定的中国水资源状况，其主要依据是水资源、人口和经济活动的地理分布以及国土生态空间吸收发展足迹的能力。

3.1 淡水资源总量

中国的年均淡水资源总量为28412亿m^3（1956—2000年），地表水资源量27388亿m^3，地下水资源量8218亿m^3；在全国范围内地下水的重要性相对较低，但是，如果研究中国华北地区水源结构，那么地下水就具有真正显著的意义，因为在华北地区可以获取的地表水远远少于南方地区。

中国人均水资源占有量为2026 m^3，仅为世界平均水平的27%，属于人均占有量最低的大国之一。人均实际用水量仅为

447 m³，远低于发达国家（如美国人均用水量为 1582 m³）。根据联合国粮食及农业组织的标准，一个国家在人均水资源量少于 1000 m³时即面临水资源短缺问题，在人均水资源量少于 500 m³时即面临水资源极度短缺问题。

3.1.1 水资源分布

全国水资源分布不均，81.5%的水资源集中分布在中国南方地区（23145 亿 m³），只有 18.5%的水资源分布在农业地区（5267 亿 m³）（见图 3.1）。为了说明经济社会发展和水资源分布情况的不平衡情况，必须考虑以下因素：北方地区占中国 64%的国土面积、46%的人口和 60%的耕地，但其水资源量仅为全国的 19%。

3.1.2 整体变化趋势

就全国范围而言，在相对较长的时间跨度内（1956—2014 年），水资源总量似乎比较稳定，并未出现显著的线性趋势变化。2001 年开始，一些流域出现了下降趋势。2001—2014 年，海河、黄河和辽河的年均水资源总量分别比平均水平低 20.1%、5.3%和 6.8%。如图 3.2 所示，华北地区的海河区、辽河区和黄河区的水资源均呈下降趋势。相比其他地区，华北地区水资源状况更加多变。而中国南方各水资源一级区并没有明显出现同样的下降趋势，那些水资源一级区的年均水资源量没有显著变化。

2000 年以来，海河区的绝对水资源总量呈现显著下降趋势。由于一些地区的水资源总量减少，而另外一些地区的年度变化增加，这些地区面临的供水风险日益加剧。

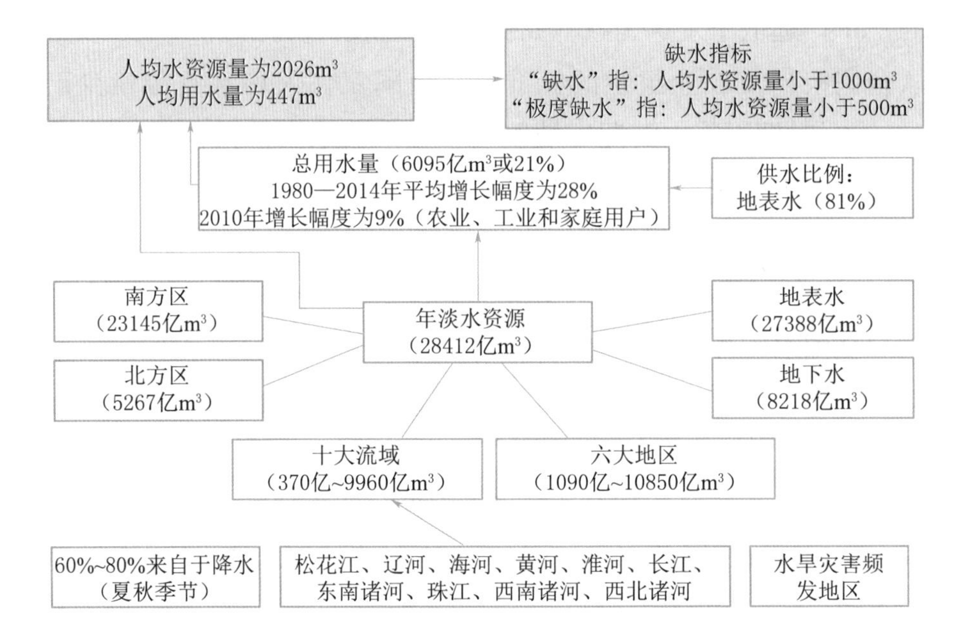

图 3.1　中国水资源分布、供给和人均可获取量

注：1. 中国的人均水资源量约为世界平均水平的27%，属于全球最低行列。

2. 中国的人均水资源量远低于发达国家（如美国人均为1582 m³）。

3. 缺水指标是指每人每年可获取的可再生淡水量。

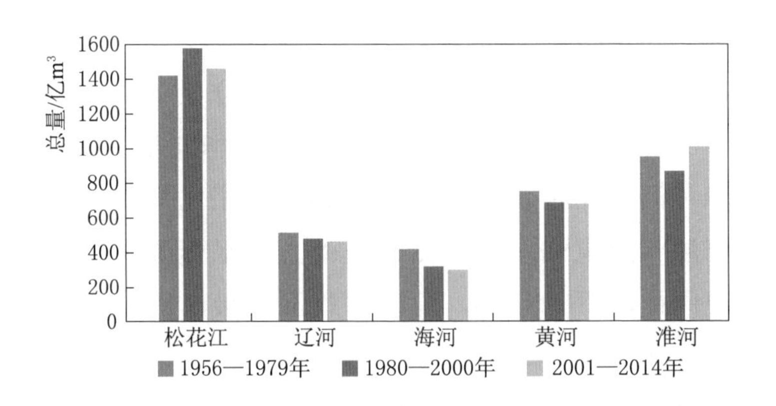

图 3.2　不同时期北方地区水资源一级区水资源变化情况

3.2 供水

中国的淡水资源总量为28412亿m^3，其中6095亿m^3（占淡水资源总量的21%）用于为农业、工业、生活用户供水，其来源首先是地表水（占81%或4921亿m^3），其次为地下水（占18%或1117亿m^3），然后是其他水源（占1%或57亿m^3）。表3.1按地区和水资源一级区列出了供水来源。

表3.1　2014年各地区和水资源一级区供水情况　单位：亿m^3

地区/水资源一级区		地表水	地下水	其他	合计
地区	东北地区	395.0	302.7	4.9	702.6
	华北地区	314.7	407.5	27.0	749.4
	东南沿海	1787.1	46.7	11.0	1844.7
	华中地区	1081.9	66.4	3.8	1152.1
	西南地区	601.2	32.9	4.7	638.7
	西北地区	740.7	260.9	5.7	1007.1
水资源一级区	松花江区	288.5	218.6	0.9	507.9
	辽河区	97.7	103.7	3.4	204.8
	海河区	132.9	219.7	17.8	370.4
	黄河区	254.6	124.7	8.2	387.5
	淮河区	452.6	156.4	8.3	617.4
	长江区	1919.7	81.3	11.7	2012.7
	东南诸河区	326.9	8.3	1.4	336.5
	珠江区	824.6	33.1	3.9	861.6
	西南诸河区	98.7	5.0	0.1	103.8
	西北诸河区	524.4	166.3	1.6	692.2

注　资料来源于2014年《中国水资源公报》。

1980—2014年，全国供水总量增加，但年均增长率呈下降趋势。供水总量从1980年的4406亿m^3增加到2014年的6095亿m^3，24年间增长明显，增长主要来自地表水供水，主要发生在南方地区（见图3.3）。

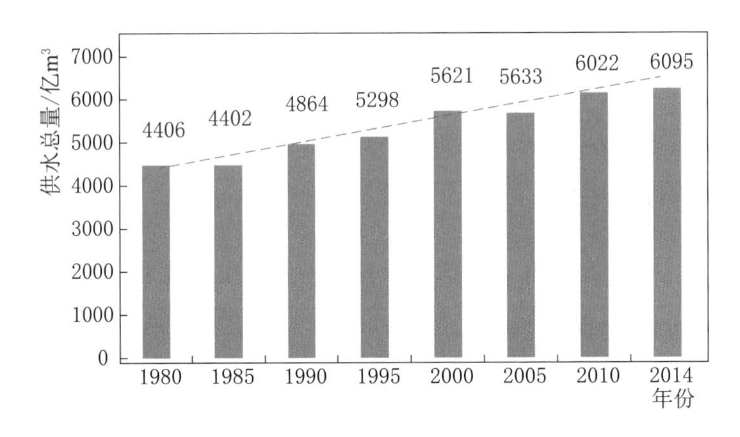

图3.3 1980—2014年中国供水总量

注：1980—2000年数据来源于《中国水资源及其开发利用调查评价》，2000—2014年数据来自历年中国水资源公报。

由于可获取水量和当地社会经济活动需求各异，不同水资源一级区的供水增长速度也不尽相同。例如，1980—2014年，松花江区的供水增长速度位于十大水资源一级区之首，每年约增长5%，而在同一时期，海河区的供水增长速度相对稳定。

3.2.1 地表水供给量

地表水在中国南方地区供水总量中的占比高于华北地区。超过95%的供水总量来自长江区、东南诸河区、珠江区和西南诸河区的地表水。

全国范围内，地表水供给量增加了24%，从1980年的

3738 亿 m^{3}增加到 2014 年的 4921 亿 m^3，南方地区的增幅更大。不同水资源一级区的趋势不同，在华北地区的海河区和黄河区，地表水供给相对稳定，自 1985 年以来并无显著上升趋势。

3.2.2 地下水供给量

中国华北地区的供水主要来源于地下水。2014 年，北方地区六大水资源一级区的地下水开采量占全国地下水供水总量的 89%、占全国供水总量的 36%。2014 年，在海河区地下水供水量占供水总量的比例达 59%，为全国之最。

大部分地下水为平原区地下水。中国华北平原的地下水平均开发强度（即所开采的地下水量与地下水可开采量的比例）超过 85%。

大部分地下水为浅层地下水（1065 亿 m^3）。但如今已从深层含水层开采了 51 亿 m^{3}的地下水，深层承压水开采量几乎得不到回补，因此无法从过度开采中恢复。

3.2.3 非常规水源

再生水、雨水利用和海水淡化等其他来源的供水占供水总量的比例很小，但在不断扩大。2014 年，非常规水源供水达到 57 亿 m^3，占河道外供水总量的 0.9%。

非常规水源供水主要分布在海河区、淮河区、长江区和黄河区。2014 年，海河区来自地表水和地下水之外其他来源的供水达到 17.8 亿 m^3，占全国非常规水源供水总量的 31%。

自 1990 年以来，非常规水源的供水快速增加，但增速不均衡。1990—2014 年，非常规水源供水的年均增长率约为 9%。

3.3 水资源的利用和需求

过去几十年，水资源利用的速度和结构发生了巨大变化，2010年以来发生了一些积极的变化。农业和工业用水趋于稳定，尽管这些行业内部发生了结构性变化和总量的增长。总体而言，全国用水量在不断上升，但自2010年开始，变化速度减缓甚至呈下降趋势。全国趋势的分析掩盖了各水资源一级区和地区存在的区域间不均衡发展状况，需要更加仔细地审视这些情况，并提出更有针对性的对策。

2014年，农业仍然是全国最大的用水户，农业用水量占用水总量的65%，但地域差异明显（见表3.2）[1]。工业用水量第二，占用水总量的22%；生活用水则占13%。从地域差异看，东南沿海地区工业用水量占总用水量的45%，而其他地区的工业用水量占比不到30%。

3.3.1 农村及农业用水

在中国，农业用水尤其是农田灌溉用水所耗水量超过其他任何行业。中国的农田灌溉用水量占用水总量的56%，占农业用水总量的88%；农业用水其余的12%用于林业、果园、牧场灌溉和鱼塘供水。农村生活用水（主要是饮用水和生活用水）普及率一直在提高，但是服务质量（即可用供水量和水质情况）需要通过加大资金倾斜和长期投资才能得以提高。

[1] 用水总量，包括输水损失在内分配给用户的用水总量，一般分为四类，即生活用水、工业用水、农业用水和生态环境用水（不包括污水直接利用）。

农业用水一直保持相对稳定（见图 3.4）。

表 3.2　2014 年各地区和水资源一级区行业用水情况　单位：亿 m^3

<table>
<tr><th colspan="2">地区/水资源一级区</th><th>工业</th><th>农业</th><th>生活</th><th>生态</th><th>总量</th></tr>
<tr><td rowspan="6">地区</td><td>东北地区</td><td>85.5</td><td>543.8</td><td>58.7</td><td>14.8</td><td>702.8</td></tr>
<tr><td>北方地区</td><td>130.4</td><td>464.8</td><td>125.2</td><td>29.3</td><td>749.7</td></tr>
<tr><td>东南沿海</td><td>604.4</td><td>931.6</td><td>289.2</td><td>19.2</td><td>1844.5</td></tr>
<tr><td>华中地区</td><td>331.9</td><td>668.5</td><td>141.7</td><td>10.1</td><td>1152.2</td></tr>
<tr><td>西南地区</td><td>143.9</td><td>381.9</td><td>104.7</td><td>8.2</td><td>638.6</td></tr>
<tr><td>西北地区</td><td>60.3</td><td>878.3</td><td>47.0</td><td>21.6</td><td>1007.2</td></tr>
<tr><td rowspan="10">水资源一级区</td><td>松花江区</td><td>54.7</td><td>414.7</td><td>29.8</td><td>8.8</td><td>507.9</td></tr>
<tr><td>辽河区</td><td>32.6</td><td>135.7</td><td>30.2</td><td>6.3</td><td>204.8</td></tr>
<tr><td>海河区</td><td>54.0</td><td>239.5</td><td>59.3</td><td>17.6</td><td>370.4</td></tr>
<tr><td>黄河区</td><td>58.6</td><td>274.5</td><td>43.1</td><td>11.3</td><td>387.5</td></tr>
<tr><td>淮河区</td><td>105.9</td><td>421.0</td><td>81.2</td><td>9.3</td><td>617.4</td></tr>
<tr><td>长江区</td><td>708.2</td><td>1002.6</td><td>282.2</td><td>19.7</td><td>2012.7</td></tr>
<tr><td>东南诸河区</td><td>115.1</td><td>150.2</td><td>63.9</td><td>7.3</td><td>336.6</td></tr>
<tr><td>珠江区</td><td>196.1</td><td>504.6</td><td>152.6</td><td>8.3</td><td>861.6</td></tr>
<tr><td>西南诸河区</td><td>10.0</td><td>84.6</td><td>8.6</td><td>0.7</td><td>103.8</td></tr>
<tr><td>西北诸河区</td><td>21.0</td><td>641.5</td><td>15.8</td><td>13.8</td><td>692.2</td></tr>
</table>

注　资料来源于 2014 年《中国水资源公报》。

3.3.2　工业用水

2014 年，中国工业用水量达到 1356.1 亿 m^3，约占全国总用水量的 22%。工业用水量在 2001—2010 年间开始减速增长，在 2010 年以后则开始下降。用水量下降间接表明用水效率有了提高

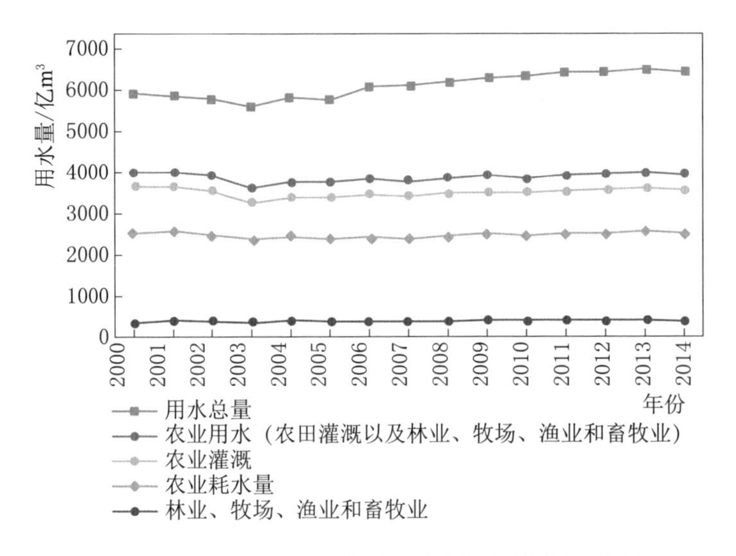

图 3.4　2000—2014 年农业用水及耗水量情况

注：资料来源于 2000—2014 年《中国水资源公报》。

或者对经济结构进行了调整，但是，工业用水所带来的环境影响亟待解决。

2014 年，各水资源一级区的工业用水量差异很大。例如，长江区的工业用水量为 708 亿 m^3，而西南诸河区的工业用水量仅为 10 亿 m^3。

2014 年，热力发电、核能发电用水量增加，占工业用水总量的 35%（478 亿 m^3）。用于热力发电的取水量在 2000 年开始呈比较平坦的上升趋势，在 2007 年以后增速放缓（见图 3.5），原因是中国政府在实施“十一五”规划期间（2006—2010 年）开始关闭低能效的小型燃煤发电厂。2000 年，热力发电用水占工业用水总量的 29%，2012 年，这个数字上升到 39%（见图 3.6）。在发电行业，约有 85%的耗水量用于开环冷却系统。

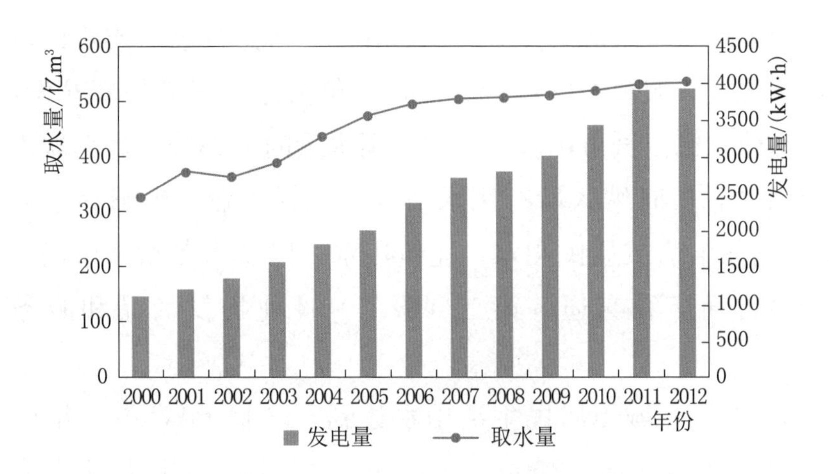

图 3.5 2000—2012 年用水及发电情况

注：资料来源于 2000—2012 年历年《国家电力行业统计公报》，2000—2014 年历年《中国水资源公报》。

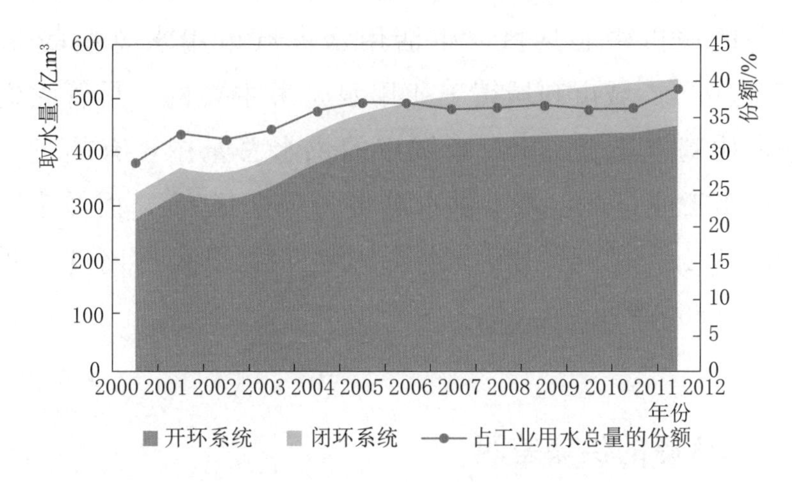

图 3.6 2000—2012 年各类冷却系统取水量情况

注：资料来源于 2000—2012 年历年《国家电力行业统计公报》，2000—2014 年历年《中国水资源公报》。

3.3.3 生活用水（城镇及城市）

城镇和城市生活用水由居民用水和公共用水（含第三产业及

建筑业等用水）组成。此处，“城市”是指比较老旧或建设较完备的建成区，城镇不仅包括城市，也包括位于城郊的新开发区、县城和建制镇。城市用水量是城镇用水量的一部分。计算城市和城镇用水总量时纳入所有用水情况（包括工业、生态和生活用水）：例如生活或居民用水，建筑用水，以及为餐饮、市场、批发和零售商店和交通等第三（服务）产业提供商品和服务的用水。

2014年，城镇居民生活用水达到583亿 m^3，占当年城镇用水总量的近1/3。2000—2014年，城镇生活用水量几乎翻了一番。但在这14年中，同其他高速增长的行业一样，城镇生活用水的增长率从2010年起开始下降。在比较老旧或建设较完备的城市中心地区，生活用水占城市用水总量的39%（287亿 m^3）。城市和城镇工业用水是最主要的，尽管它们的用水占比基本不变。653座城市的供水总量中，有超过一半用于城市工业，即：城市供水总量为729亿 m^3，而城市工业用水高达409亿 m^3。2014年，城镇工业用水占比进一步升高，达到66%[1]。

3.4 水资源的供需差距

中国存在水资源短缺问题。中国的人均可用水量为2026 m^3，大约是世界平均水平的1/4，排在全球第110位。水资源的分布极度不均，水资源总量的81%分布在淮河区以南地区。此外，年

[1] 与住房和城乡建设部所发布的用水数据不同，水利部所发布的数据依据的是取水量、行业用水，其中包括输水损失。

内和年际供水不平衡，大部分地区 60%～80%的降水发生在夏秋季节，使得洪水和干旱更为频繁和严重。

缺水问题是一个根本问题、核心问题，并带来许多不利影响。通过评估城乡供水一体化可以发现，城镇化对农村水安全有积极的影响。经济条件的改善改变了农村居民的用水需求：在农村，以前水只用来饮用，如今水也用于其他目的，而且对水的需求在增长。近年来，农村家庭使用冲水厕所、热水器和洗衣机等越来越普遍。但许多乡村地区的水设施尚不能满足农村居民对安全、便利、充足和经济实惠的水服务的需求。

城镇地区的人口也无法获得足量的水或足够清洁的水。据中国住房和城乡建设部的统计数据，目前城市供水管网漏损率约为 15%[1]。

3.4.1 需水预测

对主要行业用水户的用水需求分析表明，在强化节水情景下（中方案见表 3.3），2020 年全国的水资源需求预计将达到 6715.5 亿 m^3，2030 年将达到 7058.7 亿 m^3。2020 年和 2030 年河道外水资源需求总量的预测见表 3.3。

在强化节水情景下，几乎所有用户的用水需求均会增加（农村生活用水和农业灌溉用水除外），但增长速度显著低于 2000—2010 年重工业迅猛发展的十年。

农业仍然是中国最大的用水户，然而据预测，2030 年农田灌溉用水（农业耗水量最大）占用水总量的比例将从 2014 年的 56.2%跌至 50%阈值以下（见图 3.7）。

---

[1] 城市供水管道漏损率是指城市供水的漏损量占城市供水总量的比例。

2014年工业是全国第二大用水户，未来工业需水及其占供水总量的比例将继续扩大，但增长速度将更多考虑如何避免对环境产生不良影响。2000—2010年，工业需水的年均增速为2.4%，到2020年，增速将降至1.3%。工业用水占用水总量的比例预计将从2014年的22%增至2030年的23%。

表3.3　2014年、2020年和2030年三种节水情景下水资源需求总量的预测　　单位：亿 m^3

行　业	2014年（基准年）	2020年			2030年		
		低方案	中方案	高方案	低方案	中方案	高方案
城镇居民需水	363.7	526.6	484.0	444.4	657.0	603.8	554.4
城镇公共需水	218.8	318.0	295.6	268.5	397.5	365.4	335.5
农村生活需水	183.6	236.4	225.1	216.1	226.4	215.6	204.8
工业需水	1356.1	1556.5	1458.2	1396.5	1759.1	1647.9	1513.1
农田灌溉需水	3496.3	3822.0	3577.4	3287.6	3746.6	3503.5	3222.7
林业、畜牧业、渔业需水	483.4	566.8	539.8	518.2	584.7	556.9	534.6
河道外生态环境需水	103.2	148.9	135.4	131.3	190.4	165.6	160.6
需水总量（平均）	6205.1	7175.2	6715.5	6262.6	7561.8	7058.7	6525.8

注　高方案、中方案、低方案分别对应使用超强节水、强化节水、一般节水的节水措施。

生活需水增长速度最快，包括居民家庭生活用水以及服务业、建筑业等公共用水。到2030年，城镇居民用水量将以年均3.4%的速度增加。农村生活用水量将在2020年达到峰值，即达到225亿 m^3（见表3.4）。

3.4.2　缩小供需差距的预测

在中方案（即经济社会中速发展和强化节水情景）下，到

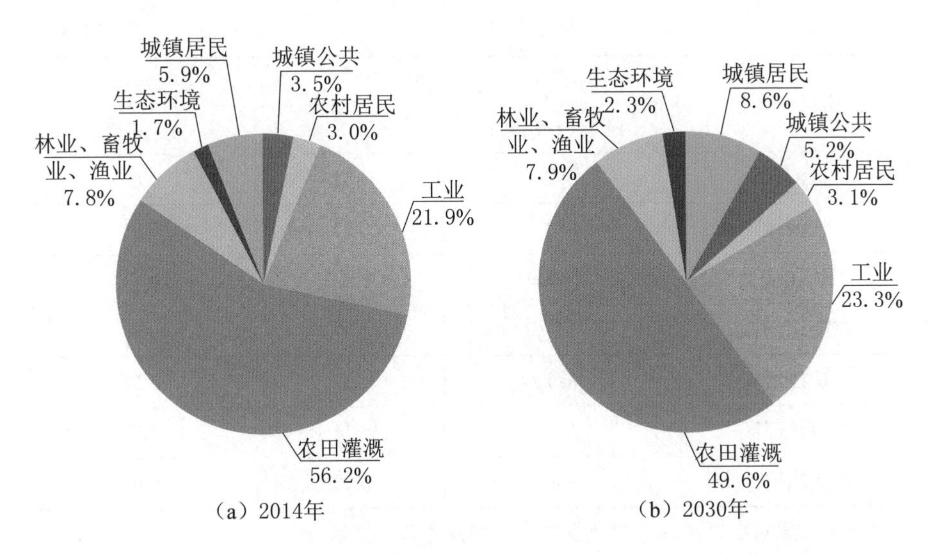

图 3.7　2014 年和 2030 年强化节水情景下需水结构预测情况

注：中方案对应采取强化节水措施。

2030 年中国各种水源的供水总量预计达到 7000 亿 m^3 左右，相比基准年 2014 年的供水量增加 988 亿 m^3（见表 3.4 和图 3.8），年均增速为 1.1%。预计新的供水将减轻未来的缺水压力，缓解对地下水源的过度开发和消耗，使得更多的水量得以留在河流中（在如今过度利用地表水的情况下，这点尤其重要），以此改善生态条件。

表 3.4　2014 年、2020 年和 2030 年各水资源一级区在中方案下供水总量　单位：亿 m^3

水资源一级区	供水总量		
	2014 年（基准年）	2020 年	2030 年
松花江区	471	550	585
辽河区	201	233	240
海河区	374	453	497

续表

水资源一级区	供　水　总　量		
	2014年（基准年）	2020年	2030年
黄河区	392	451	512
淮河区	621	701	742
长江区	1969	2256	2312
东南诸河区	337	401	422
珠江区	871	909	920
西南诸河区	107	124	130
西北诸河区	669	622	640

注　中方案对应经济社会中速发展情景和强化节水情景。

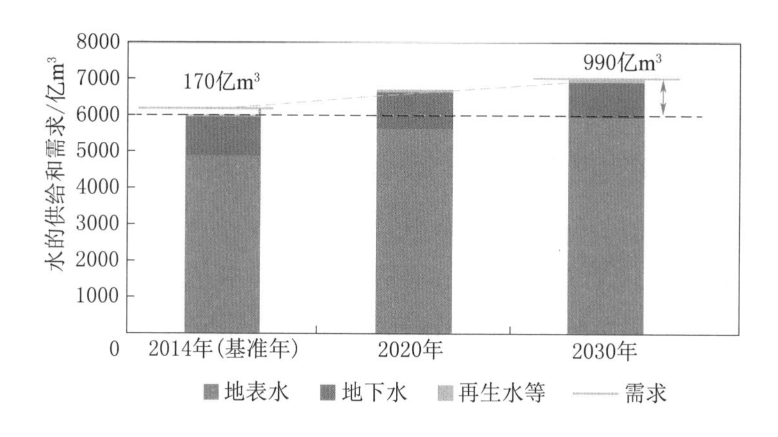

图3.8　2014年、2020年和2030年中方案下水资源供需情况预测

注：中方案对应经济社会中速发展情景和强化节水情景。

3.4.3　水资源的不均衡现状

中国缺水总量为直接供水短缺量与水资源过度开发量（包括超采的地下水和挤占的河道内生态用水）之和。中国供水的年均短缺量为500亿m^3。在300亿m^3过度开采的水资源中，有200亿m^3是超采的地下水。此外，130亿m^3的河道内生态用水被挤占。中国当前的绝对缺水量约为170亿m^3（计算方法：500亿m^3－200亿m^3－130亿m^3），其中城镇生活和工业需水超出供给20亿m^3，农业需水超出供给150亿m^3。

当前的河道外缺水有两大影响：一是直接造成了经济和社会的供水短缺；二是导致对某些河流的地表水和地下水的过度使用，河道的基本生态流量得不到保障，也没有充足的地下水来维持地质功能。

在经济社会中速发展和强化节水情景下，到2030年，水资源供需估计能够匹配，大约在7000亿m^3的水平。实现这种匹配需要综合管理用水需求，实施节水政策和相关方案，以期在未来用水需求上与浅层地下水修复及河道生态流量之间达成一种平衡。

3.4.4 未来水资源不平衡的风险

然而，未来很可能达不到水资源供需平衡的状态。在对需求进行预测、对节水量进行估算、对当前及未来供水量进行预测时，都存在不确定性。降雨和水文条件的多变性进一步增加了这种不确定性。

在分析水资源供需平衡时，国家水资源评估报告使用平均降水量预测来分析供给，使用三种预测情景来分析需求：平均降水、中等干旱（75%降水频率）和严重干旱（90%降水频率）。鉴于灌溉需水在干旱年份上升，2030年，如果降水频率为75%，则需水总量将大约超过平均供水量450亿m^3，如果降水频率为90%，则大约超出850亿m^3。然而，在干旱年份，供水极有可能会低于平均年份水平；因此，在干旱年份供给对需求的逆差将大幅度增加。

3.5 水质及各种发展趋势

由于全国都在推动污水处理厂建设，同时工业污染得到有效控制，中国河流的水质自 2009 年起略有好转，但没有达到预期的好转程度。

为了实现到 2020 年城镇化率达到 60%的目标，中国掀起了建设新城市的热潮。中国的大型石油化工企业通常位于湖泊或河流附近，因为靠近水源有助于满足其大型生产对水的需求及其排放废污水的需求。明确城镇建设和工业厂址带来的潜在威胁对政府采取措施保护城镇供水至关重要。在新城市规划和工业布局方面，应当将水安全作为重中之重加以考虑。

国家水资源评估报告剖析了一些城市污水管线不足、水费不可持续和废污水排放量日益增多所带来的压力。这些城市是指那些完全有能力投资污水管网的运营、维护和建造以收集污水但却没有尽力这么去做的城市。

污染防治的侧重点正慢慢转向农村和面源污染。2007 年，环境保护部（现更名为生态环境部）进行了第一次全国污染源普查，普查结果表明，2007 年，农业面源污染排放占总氮的 57%、占总磷的 67%。氮和磷是导致水体富营养化的主要因素。

在中国水资源丰富地区，如巢湖、滇池、洪泽湖、太湖等大型湖泊中，藻类频繁暴发，导致水质型缺水问题，影响了生活用水和工业用水，同时危害了中国的水安全和可持续发展。

巢湖和鄱阳湖的情况说明面源污染确实带来了不利影响，为此政府正在努力扭转局面、控制污染。例如，推进重大改革，确定由谁、以何种方式、在多大程度上管理湖泊。地方政府正采取综合措施，开展跨部门水资源管理合作。

水污染，尤其是突发性水污染，提醒人们注意污染的跨区域威胁，包括环境和经济损害。考虑到水资源属地管理的情况，中国把跨省（一般在两个地方政府之间）生态补偿作为一项机制和经济激励措施加以实施，以保护和修复环境，并已取得积极进展。随着公众对环境污染的关注度和敏感度不断提升，迫切需要提高突发和严重污染事件应对能力，避免产生不必要的社会影响。

从理论上讲，农业现代化有助于缓解过度使用农药化肥以及农村不良卫生习惯所导致的面源污染。农民亟须提高环境意识，也亟须了解如何通过良好农作实践减少水污染。

快速城镇化仍将是推动农业和农村发展变革的重要因素。中国的城镇化率从 1995 年的 29%飙升至 2014 年的 55%，预计到 2030 年将达到 70%，届时将有 10 亿人口生活在城镇化地区，城镇生活污水处理压力将会增加。

3.5.1 水质

1. 河流

近年来，中国各大江河的水质略有改善。根据水利部的调查，全国范围内，经评测水质在Ⅰ～Ⅲ类的河流长度占比从 2003 年的 63%增至 2014 年的 73%（见图 3.9）。同时，劣Ⅴ类水质的河流占比从 21%下降至 12%。2003—2014 年，国家考核断面的河流水质同样呈现出改善迹象（见图 3.10）。

2014年，水利部在全国范围内对总长度达21.6万km的河流进行了水质评测，分别给出了不同水质类别的占比（见图3.11）。不同水资源一级区的水质存在重大差异（见表3.5）。西南地区和西北地区的河流水质总体较好，海河的水质较差。

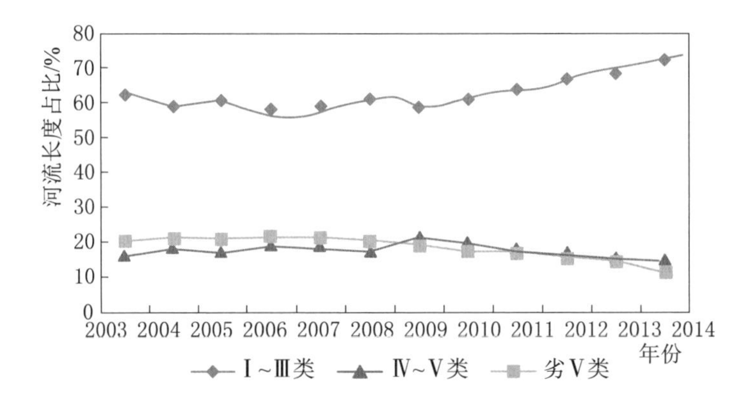

图3.9 2003—2014年按河流长度的河流水质评价结果

注：资料来源于2003—2014年历年《中国水资源公报》。

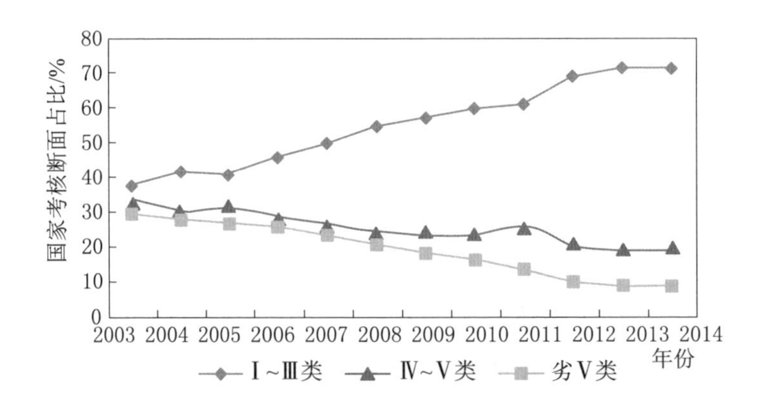

图3.10 2003—2014年按国家控制断面的河流水质评价结果

注：资料来源于2003—2014年历年《中国环境状况公报》。

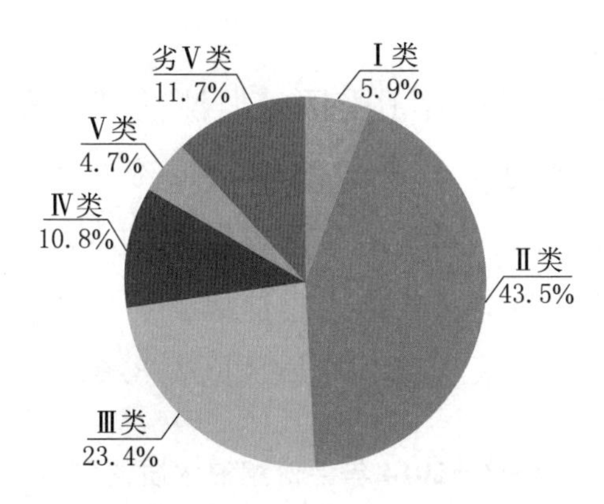

图 3.11　2014 年按照河流长度的各类河流水质占比

注：资料来源于 2014 年中国水资源公报。

表 3.5　2014 年按河流长度划分的各水资源一级区水质状况

水资源一级区	评价长度/km	各类水质的河流长度占比/%					
		Ⅰ类	Ⅱ类	Ⅲ类	Ⅳ类	Ⅴ类	劣Ⅴ类
松花江区	15300	0.5	17.6	45.3	23.2	5	8.4
辽河区	4938	1.5	41.6	14.7	17.9	5.1	19.2
海河区	14468	2.6	19.4	13.4	9.7	10.7	44.2
黄河区	19066	5.3	41.6	19.1	8	7.1	18.9
淮河区	23416	0.1	14.1	31.9	26.5	9.6	17.8
长江区	64553	6.2	46.4	24.9	9	3.9	9.6
东南诸河区	9616	2.3	53.6	25	9.3	7	2.8
珠江区	25796	2.3	64.4	19.2	5.2	2.8	6.1
西南诸河区	18419	2	68	26.2	2.2	0.2	1.4
西北诸河区	20191	29.4	53.8	7.6	6.3	0.1	2.8

注　1. 根据生态环境部制定的《地表水环境质量标准》（GB 3838—2002），水体（即中国境内的河流、湖泊、水库）根据使用目的和保护目标可分为五类。Ⅰ类水主要包括来自自然水源和国家级自然保护区的水。Ⅱ类水包括一级保护区的集中饮用水水源以及受保护的稀有鱼类栖息地或鱼虾产卵地的水。Ⅲ类水包括二级保护区的集中饮用水水源以及受保护的普通鱼类栖息地以及指定的安全游泳区的水。Ⅳ类水指适用于工业和娱乐用途但不能直接和人体接触的水体。Ⅴ类水仅适用于灌溉和景观用水。

2. 资料来源于 2014 年《中国水资源公报》。

2. 湖泊和水库

2014年，水利部报告了受国家监测的湖泊和水库的营养状态[1]。在国家监测的121个湖泊中，77%处于富营养化状态，23%处于中营养状态。同时，在国家监测的635个水库中，37%为富营养化，63%为中营养化。总体而言，由于富营养化状态的加剧，湖泊和水库的水质相对较差（见表3.6）。

表3.6　　2003—2014年评价湖泊水质情况

年份	受监测的湖泊总数	不同水质类别的湖泊占比/%		
		Ⅰ～Ⅲ类	Ⅳ～Ⅴ类	劣Ⅴ类
2003	52	40.4	9.6	50
2004	50	36	26	38
2005	48	35.4	39.6	25
2006	43	49.7	15.3	35
2007	44	48.9	21.6	29.5
2008	44	44.2	32.5	23.3
2009	71	58.4	27.6	14
2010	99	58.9	27.9	13.2
2011	103	58.8	16.5	24.7
2012	112	28.6	49.1	22.3
2013	119	31.9	42	26.1
2014	121	32.2	47.1	20.7

注　资料来源于2003—2014年历年《中国水资源公报》。

[1] 某一水体的营养状态是根据其所包含的在生物上有用的营养物质（如硫、氮等）的数量，计算它的“肥沃”程度。营养物质越多，水体越肥沃，植物和藻类生长越茂盛。“中营养”指的是肥沃度或营养物质处于中等水平。中营养湖泊通常水质清澈，含有大量的水生动植物。“富营养”指营养物质的生产力水平很高。人为因素或自然因素都可导致水体富营养化。

3. 地下水

2000—2002 年国土资源部（现为自然资源部）进行的“全国地下水资源评价”结果表明：南方地区的地下水质量高于华北地区，山区高于平原地区，深层含水层高于浅层含水层。根据《地下水质量标准》（GB/T 14848—1993），2014 年，全国地下水资源中约有 39%达到Ⅰ～Ⅲ类水质标准，其他的则为Ⅳ～Ⅴ类水质标准（见图 3.12）。

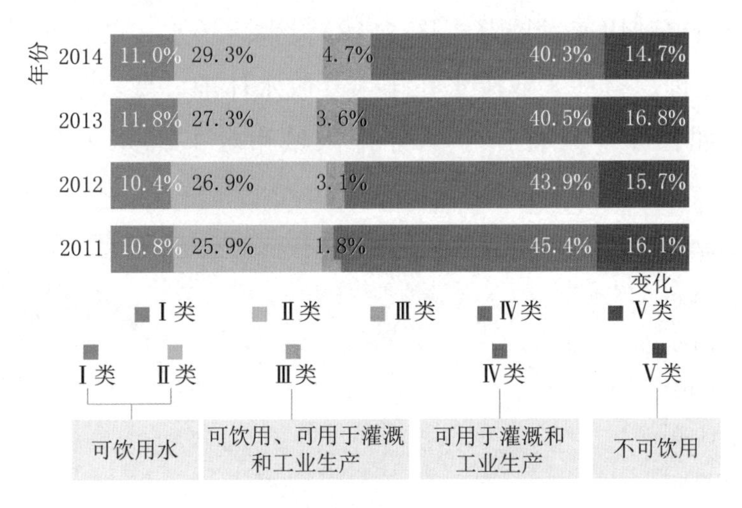

图 3.12　2011—2014 年地下水水质变化趋势

注：资料来源于 2003—2014 年历年《中国环境状况公报》和《地下水质量标准》（GB/T 14848—1993）。

南方大部分地区的地下水质量相对较好，其中超过地下水总面积 90%的水满足Ⅰ～Ⅲ类水质标准。有些平原地区的浅层地下水遭到了严重污染。在华北地区，山区和山麓平原地带的地下水水质较好，中部平原地区较差，沿海地区最差。

根据《全国地下水污染防治规划（2011—2020 年）》，中国地下水污染特点为：①来源分散：点源、线源和面源都有；②渗入深层地下；③正从城镇向农村地区蔓延。在南方地区，地下水环境质量的变化相对稳定，地下水污染主要发生在城市和边缘地带。在华北地区，地下水环境质量正逐步恶化，但西北地区较稳定。

3.5.2 废污水收集和处理

随着中国经济社会的快速发展，废污水和污染物的排放量增加。近几十年来，中国加大了污染防治力度，城市废污水收集和处理能力得到快速发展（见图3.13）。生活污水一般由公共污水处理厂处理。有些工业废水在排入开放水体前，要经过内部或简单的处理程序，只有一小部分排入城市公共污水处理厂进行处理。

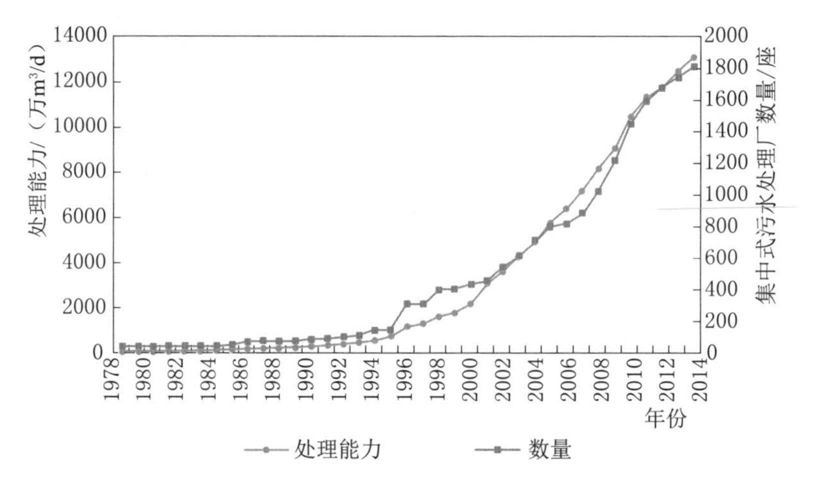

图3.13 1978—2014年城市污水处理厂的数量及处理能力

注：资料来源于2014年《中国城乡建设统计年鉴》。

3.5.3 污染负荷

1. 生活污水和工业废水

水利部的数据表明，全国废污水总排放量于2011年趋于稳定，2014 年达到 771 亿 m^3。长江区废污水排放量为 301 亿 m^3，占全国总量的 39%，其中废污水入河量为 241 亿 m^3。东南沿海地区的废污水排放量为 293 亿 m^3，占全国总量的 38%，其中废污水入河量为 232 亿 m^3，超过一半是城镇生活用水排放。

2. 重金属

如果加上重金属、石油污染物和可挥发性酚的排放，上述废污水总排放量的数值将会更高，尽管排放总量近年来在持续下降（见图 3.14）。

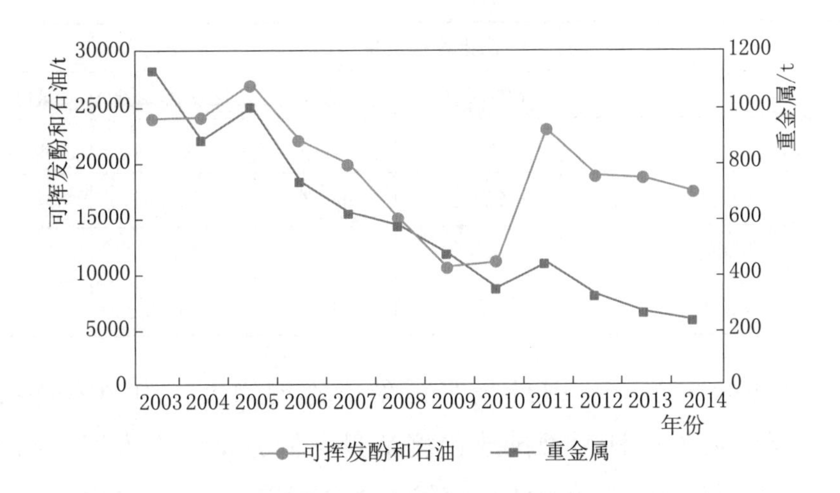

图 3.14　2003—2014 年主要工业类别产生的可挥发酚、石油和及重金属排放

注：2010—2011 年间排放大幅度增长的原因是接受调查的主要工业企业数量增加了 35%。资料来源于 2003—2014 年历年中国环境统计年报。

3.5.4　污染总负荷以及发展趋势

国家水资源评估报告估测，2014 年化学需氧量（COD）和氨氮（NH_3-N）入河量分别达到 2170.9 万 t 和 207.8 万 t（见

表3.7)[1]。

化学需氧量是排放量最大的污染物，主要源自农村用户，而城镇地区化学需氧量入河量最大。氨氮的情况亦然。如表3.8所示，2014年主要点源污染源自城镇生活污水，其产生的化学需氧量为863.5万t（占化学需氧量总量的55%），产生的氨氮为138.1万t（占氨氮总量的69%）。

2014年，面源污染排放化学需氧量高达6844.2万t，其中畜禽养殖产生的面源污染占面源污染排放总量的77%（见表3.9）。

表3.7　　2014年点源和面源污染物及其排放量

污染物	污染物排放量/万t		污染物入河量/万t	
	化学需氧量	氨氮	化学需氧量	氨氮
合计（点源污染+面源污染）	8411.8	939.7	2170.9	207.8
工业	704.2	60.7	546.6	42.6
城镇	1332.8	138.1	930.5	94.1
农村	6374.9	740.9	693.9	71.1

根据减少水污染或处理水污染措施的力度，为2020年和2030年设定了三种污染排放预测情景（低方案、中方案、高方案），以期评测未来在中国有效减少水污染的最优方式（见表3.10）。从目前情况看，中方案最为合理，在该假设情景下，2030年化学需氧量的排放量将达到1241.5万t（比2014年减少

[1] 根据水利部和生态环境部公布的废水和污染排放数据以及住房和城乡建设部公布的生活污水和排放数据，对点源污染进行了全面分析，以了解2014年废污水和主要污染物入河量情况。该分析采用了水利部2000年开展“中国全国水资源及其开发利用调查评价”所使用的方法。该调查还根据最新发展状况采用了计算2014年面源污染所采用的计算方法和结果估测方法。

43%），氨氮的排放量将达到 98.8 万 t（比 2014 年减少一半以上）。更重要的是，中方案的实施将在水体允许的纳污能力范围内控制废污水和污染物入河量，因此代表着中国污染物排放真正转折的开始。

表 3.8　2014 年各地区和水资源一级区的主要点源污染物排放量和入河量

地区/水资源一级区		污染物排放量/万 t						污染物入河量/万 t	
		化学需氧量			氨氮			化学需氧量	氨氮
		合计	工业	城镇生活	合计	工业	城镇生活		
地区	东北地区	136.0	52.4	83.5	19.0	4.2	14.8	95.6	11.1
	华北地区	201.0	65.5	135.5	31.1	5.5	25.6	145.4	20.3
	东南沿海	445.0	178.3	266.7	56.5	12.0	44.6	341.7	38.9
	华中地区	336.6	154.9	181.7	45.0	20.7	24.2	269.2	31.5
	西南地区	284.8	151.3	133.5	26.0	7.8	18.3	229.9	19.0
	西北地区	164.3	101.7	62.6	21.2	10.6	10.6	128.8	15.9
水资源一级区	松花江区	85.0	37.6	47.4	10.2	2.6	7.6	55.7	5.4
	辽河区	54.3	19.3	35.0	9.0	1.7	7.3	42.4	5.9
	海河区	86.8	30.7	56.1	13.6	2.6	10.9	61.1	8.9
	黄河区	120.6	57.8	62.7	17.3	6.7	10.6	94.3	12.5
	淮河区	154.2	42.4	111.8	22.2	4.1	18.1	116.4	14.0
	长江区	559.7	252.1	307.5	72.7	26.7	46.0	443.5	51.1
	东南诸河区	116.7	51.8	64.9	14.1	3.5	10.6	85.4	9.3
	珠江区	264.0	120.8	143.2	29.5	7.5	22.0	211.5	21.8
	西南诸河区	63.1	44.7	18.5	3.1	1.1	1.9	51.8	2.3
	西北诸河区	63.4	46.9	16.4	7.1	4.1	3.0	48.4	5.5

表 3.9　　2014 年主要面源污染物及其排放量

污染物	合计/万 t	污染物排放量/万 t					污染物入河量/万 t
		农田径流	农村生活	城镇径流	水土流失	畜禽饲养	
化学需氧量	6844.2	—	1110.8	469.3	—	5264.1	960.3
氨氮	740.9	52.9	71.1	—	—	616.8	71.1
总氮	1927.0	529.4	181.1	23.5	42.5	1150.5	267.3
总磷	564.7	143.4	69.7	3.5	24.5	323.6	54.9

表 3.10　　三种治理情景下水污染物排放预测　　单位：万 t

项目		化学需氧量排放			氨氮排放		
		低方案	中方案	高方案	低方案	中方案	高方案
2014 年	点源污染	1210.6			136.7		
	面源污染	960.3			71.1		
	合计	2170.9				207.8	
2020 年	点源污染	1118.9	799.9	650.4	97.4	68.6	55.5
	面源污染	900.2	738.1	607.9	71.5	54.1	40.0
	合计	2019.1	1538.0	1258.3	168.9	122.7	95.5
2030 年	点源污染	968.7	629.7	403.2	74.5	51.9	26.9
	面源污染	823.4	611.8	410.5	69.9	47.0	25.0
	合计	1792.1	1241.5	813.7	144.4	98.8	51.9

注　三种治理情景对应的分别是减少水污染的程度或者针对污染物排放采取的处理措施强度（低方案、中方案、高方案）。

3.6　淡水生态

根据《第一次全国水利普查公报》（2011 年），中国共有 45203 条流域面积 50km^2 及以上的河流，这些河流的总长度大约达到 151 万 km。常年水面面积大于 1km^2 的湖泊有 2865 个，其中包括一些大型湖泊，如洞庭湖、鄱阳湖、青海湖和太湖。自然湖泊的水域总面积约为 7.8 万 km^2。

3.6.1 水生态空间

在国家水资源评估报告研究中，水生态空间指水域、饮用水水源保护区、水土流失重点预防区以及洪泛区和常用蓄滞洪区四类。

(1) 水域。水域面积主要指内陆河流、湖泊、水库、池塘等水面面积，根据《2011 年中国统计年鉴》，中国内陆水域面积为 17.5 万 km^2。

(2) 饮用水水源保护区。地表水、地下水饮用水水源保护区包括一级保护区、二级保护区和准保护区，涉及陆域范围和水域范围。

(3) 水土流失重点预防区。根据《全国水土保持规划国家级水土流失重点预防区和重点治理区复核划分成果》，国家级水土流失重点预防区面积为 43.9 万 km^2。

(4) 洪泛区和常用蓄滞洪区。洪泛区是指尚无工程设施保护的洪水泛滥所及的地区。七大江河中下游经常遭受洪水漫淹的洪泛区面积约为 2.5 万 km^2。目前，中国已划定的蓄滞洪区共 3.4 万 km^2，其中运用标准在 10 年一遇及以下的蓄滞洪区面积为 0.4 万 km^2。

3.6.2 水生生物多样性

中国的水生物种丰富多样，包括 4220 种水生植物和 2312 种脊椎动物。约有 500 种淡水鱼类、57 种濒危水鸟中的 31 种面临湿地消失的威胁。

根据国家林业和草原局（原国家林业局）以及国家生态环境

部（原环境保护部）的调查，中国拥有46个国际湿地和173个国家级湿地。自2005年以来，湿地保护区的数量增加了279个，其中国家自然保护区和省级自然保护区分别增加了23个和144个。

3.7 水旱灾害

3.7.1 洪水

历史上，中国洪水灾害频发。1949年中华人民共和国成立以来发生50余次流域性大洪水。受地形条件和经济集中程度的影响，洪水威胁地区主要分布在大江大河的中下游和沿海地区。

20世纪90年代以来，洪涝灾害造成的直接经济损失呈增加趋势。在1990—1998年、1999—2009年和2010—2014年三个阶段，洪水造成的年均损失分别达到1245.8亿元、1003.3亿元和2490.3亿元，洪灾损失总体呈显著上升趋势。虽然直接经济损失总量增加了，但每年受灾损失占相应GDP的比例总体呈下降趋势，近年来保持在0.5%左右。

小河流和城镇发生洪水时带来重大灾害风险。遭受洪涝侵袭的城市数量也在增多。随着城镇化的快速发展和极端降雨事件的增多，加之排水网络建设落后于城市发展，城市受灾人口数量增加，损失和损害程度加重。

3.7.2 干旱

中国自古以来经常受到干旱袭扰。根据中国的历史文件记载，从公元前1766年到1937年，有记录的旱灾发生了1074次，平均每 3 年 4 个月发生一次。中国北方地区最容易发生旱灾。

1978—2014 年，旱灾的发生总体呈下降趋势。在 2000 年发生严重旱灾时，成灾农田面积约为 $26783\times10^3 hm^2$，但在 2010—2014 年间成灾农田面积大幅下降至年均 $6348\times10^3 hm^2$。

总体而言，中国华北地区受干旱影响的总面积呈下降趋势。与此相反，贵州、四川、云南等西南地区省份旱灾发生的次数和频率均呈上升趋势，2010 年西南地区遭遇极度干旱。

第4章

法律和政策环境

经济发展与水安全的二元对立在中国“十三五”规划的架构中得到明显体现。“十三五”规划要求各行各业实现增长——城镇化、工业升级、外国投资和总体经济发展，同时专门阐述必须对过去失衡的发展模式进行修复并进一步减少损失——减少排放、水资源消耗、水污染物、土地复垦和乱砍滥伐。寻求平衡发展之道挑战重重，必须协调努力，出台新的法律、政策和制度安排。

在“十二五”期间（2011—2015年），中国政府大量投资于防洪、供水、灌溉和污水处理等基础设施。但中国的水资源在生态健康和可持续发展方面仍然面临较为严峻的形势。

本章列举了国家水资源评估报告确定的“十三五”期间构成中国水资源管理有利环境的各大要素，即：法律框架、政策演变和宏观策略、市场化工具和制度安排等。

4.1 法律框架及其改革

在水资源管理的法律框架和机构改革方面，中国近些年取得了显著进展。中国出台了一系列法律，包括《中华人民共和国水法》《中华人民共和国水污染防治法》《中华人民共和国水土保持法》《中华人民共和国防洪法》以及其他有关环境、资源和土地管理的法律。国家针对这些法律出台了配套实施的国务院行政法规和部门规章。各省及其地方政府出台了地方性法规和政府规章，推进水资源管理领域改革。

2011年，国务院颁布了中国针对特定流域——太湖流域的综合性行政法规，即《太湖流域管理条例》。该条例旨在增强太湖流域水资源保护和水污染防治；保障防洪抗旱以及生活、生产和生态用水；以及改善整个流域的生态环境。中国政府已颁布实施《中华人民共和国长江保护法》，正在积极研究为黄河出台类似的法律。

2012年，中国政府实施了最严格水资源管理制度；2013年，国务院办公厅发布《实行最严格水资源管理制度考核办法》，建立了水资源“三条红线”，为控制用水总量、提高用水效率、限制纳污总量设置了强制性目标。

2016年7月，国务院出台的《农田水利条例》正式生效。该条例旨在改善农田水利工程、提高用水效率，从而提高农业产量、保障国家粮食安全。该条例规定，任何单位和个人不得擅自占用农业灌溉水源、农田水利工程设施；新建、改建、扩建建设工程确需占用农业灌溉水源、农田水利工程设施的，应当与取用水的单位、个人或者农田水利工程所有权人协商，并经有管辖权的县级以上地方人民政府水行政主管部门同意。

2011年以来，中国政府高度重视执法工作。国家立法机关（全国人民代表大会及其常务委员会）、国务院部门和地方政府经常性地检查和监督法律法规的实施和执行情况，并向全国人民代表大会及其常务委员会、地方人民代表大会及其常务委员会报告结果。民众对立法和执法工作的参与和监督也得到加强。

表 4.1 从更全面的历史角度，总结了有关水治理的主要国家级法律、法规和条例。

表 4.1 中国关于水治理的全国性法律、行政法规和部门规章

类别	名称	颁布机构	条款/规定
法律	中华人民共和国水法	全国人大常委会（2002 年修订，2016 年修正）	关于水资源开发、利用、节约、保护和管理水资源的条款
	中华人民共和国防洪法	全国人大常委会（1997 年通过，2016 年修正）	关于防洪和水安全的条款
	中华人民共和国水土保持法	全国人大常委会（2010 年修订）	关于防治水土流失的条款
	中华人民共和国水污染防治法	全国人大常委会（2008 年修订，2017 年修正）	关于水污染防治的条款
	中华人民共和国环境影响评价法	全国人大常委会（2002 年修订，2018 年修正）	关于水环境影响的条款
	中华人民共和国长江保护法	全国人大常委会（2020 年通过）	关于长江流域生态环境保护修复和资源利用
法规及法规性文件	取水许可和水资源费征收管理条例	国务院令第 460 号（2006 年发布，2017 年修正）	关于取水许可证申请、批准、检验和监督的规定
	中华人民共和国河道管理条例	国务院令第 3 号（1988 年发布，2018 年修正）	关于河道管理、建设、保护的规定
	淮河流域水污染防治暂行条例	国务院令第 183 号（1995 年发布，2011 年修正）	关于淮河流域污染防治的规定

续表

类别	名称	颁布机构	条款/规定
规章及规范性文件	建设项目水资源论证管理办法	水利部和国家计委（2002年发布，2017年修正）	规定了水资源论证的程序、内容和方法
	取水许可证管理办法	水利部（2008年发布，2017年修正）	关于取水许可证取得的相关规定
	水资源费征收使用管理办法	财政部、国家发展和改革委员会、水利部（2008年发布）	规定了直接从河流、湖泊及地下水体取水的组织和个人缴纳水资源费的程序，按照《办法》第4条规定不需要申领取水许可证的情况除外
	饮用水水源保护区污染防治管理规定	国家环境保护局、卫生部、建设部、水利部和地矿部（1989年发布，2010年修正）	规定了饮用水水源保护区的划定和污染防治管理

4.2 水相关政策的演变及宏观策略

2015年，中国共产党第十八届中央委员会第五次全会重申中国政府致力于经济体制改革、包容性增长和自然资源的可持续管理，强调“十三五”规划的五大发展原则，即创新、协调、绿色、开放和共享，鼓励非政府部门和（或）私营部门更多地参与水资源管理。该政策涉及广泛的水资源节约和发展方法，要求城市、工业和其他经济增长部门考虑水资源的限制。

2015年，国家出台《水污染防治行动计划》（又称“水十条”），预计为水污染防治投入2万亿元。该计划旨在控制工业和城市的点源污染以及农业和雨水的面源污染。同时，“水十条”还计划减少Ⅴ类和劣V类水质的河流和湖泊数量。该计划在预防方面的举措也值得注意，一般而言发展中国家都是被动应对水危机和水灾害，而且局限于管理和遏制措施，不会采取措施减少未来灾害风险（或至少最大程度降低灾害范围和影响）或降低水资源压力。“十三五”期间，若该计划能得到有效贯彻，水质和生态系统均有望得到改善。

中国政府顶层政策文件和倡议强调了水安全和生态健康的重要性。一些近期出台的政策和项目将在下文详细讨论。

4.2.1 水资源“三条红线”

2011 年，为应对中国水资源面临的严峻复杂的问题和挑战，中国政府推出了重大改革措施，助力最严格水资源管理制度的实施，并建立了关于用水总量控制、用水效率和水污染防治的“三条红线”。《国家新型城镇化规划（2014—2020 年）》敦促城镇综合规划划出红线，在未来城镇化过程中保护地表水和地下水。表 4.2 列示了“三条红线”的具体控制目标。

表 4.2 2015 年、2020 年和 2030 年水资源“三条红线”的控制目标

目标	2015 年	2020 年	2030 年
1. 用水总量			
用水总量控制	6350 亿 m^3	6700 亿 m^3	7000 亿 m^3
2. 用水效率			
万元工业增加值用水量下降	较 2010 年数据下降 27%	—	—
农田灌溉水有效利用系数	>0.53	—	—
3. 水质			
重要江河湖泊水功能区水质达标率	>60%	>80%	>95%

注 资料来源于《国务院办公厅关于印发实行最严格水资源管理制度考核办法的通知》（国办发〔2013〕2 号）。

用水总量红线适用于地表水和地下水，是对所有用户施加的用水总量限制。用水总量红线确定了保证经济社会可持续发展所需的水资源承载能力，具体因行政级别（省、市、县）而异。

用水效率红线旨在促进合理有效利用水资源，其衡量依据是各地、各企业的用水情况以及经济社会的发展水平。

用水效率红线有两项指标：①万元工业增加值所用水量，该项指标适用于耗水最多的产业，如火电、炼油、钢铁、纺织、造纸、化工和食品等行业；②农田灌溉水有效利用系数。

水污染防治红线按流域和（或）省份确定了达标水功能区的数量及其在水功能区总数中的占比。同时应用若干指标来评估和监测污染防治效果。国务院规定，将测量评估各大江河湖泊水功能区内的水质。

4.2.2 生态红线政策

2014 年，生态红线政策原则纳入《中华人民共和国环境保护法》，其首要目标是保护生态系统，尤其是保护在空间上得到清晰界定的生态红线区。生态红线政策的总体目标是保护生态系统的完整，确保提供丰富多样且相互连接的生态系统服务，满足生态红线区内各利益相关方的需求。生态红线政策旨在实现以下主要目标：

（1）保护重要生态系统服务区；提供基本的水资源和环境服务，如干净安全的饮用水、更好的储水设施和碳埋存；维护生态福祉以支持全国和地方经济社会发展。

（2）保护生态脆弱区域；控制土地退化、荒漠化和土壤侵蚀；维护人类生活空间安全（重点关注地方生活环境）。

（3）提供和保护生活环境和栖息地，尤其是重要物种的栖息地；在全国和全球范围内维护生物多样性。

这些目标将推动中国建立全国生态安全网络，为生活环境和经济发展提供支持。生态红线政策将更好地唤醒民众意识，让民众知晓生态系统服务在哪里提供、由谁提供、目标受益人是谁。

2018 年，中国政府批准了 15 个省级行政区划定生态红线的计划。国务院批准了包括北京市、天津市、河北省、宁夏回族自治区和 11 个长江经济带地区提出的生态红线计划。这 15 个省级生态红线区总面积达到 61 万 km^2，约占上述省市土地总面积的 1/4。这些区域包括各种自然保护区、风景区、森林公园、地质公园和湿地等。其余 16 个省份的生态红线区划定工作预计将在 2018 年底完成。在这些红线区内，人类活动不会被禁止，但将受到严格管控。这些红线区将得到合理开发，但其面积不得减少，其生态功能不得受损。

4.2.3 乡村振兴

中国的乡村地区在水资源管理中扮演着至关重要的作用。乡村不仅是水源所在地，而且是最大的农业用水户。农业面源污染物，特别是营养物质、杀虫剂和除草剂，主要来自乡村地区。在乡村一级更好地管理水资源将为改善中国的总体水资源管理作出重要贡献。

2018 年初，中国政府出台了一整套政策，为乡村振兴描绘了清晰的路线图，同时也旨在壮大农业，营造健康环境，引导农民致富。乡村振兴应该有助于缩小农业生产质量差、效率低下所导致的城乡发展差距。这套政策包括发展高质量农业、保护自然和文化资源和提高扶贫质量等。同时，这套政策还致力于寻求更高水平的乡村治理、提供更优质的医疗和教育服务、加强基础和基本设施建设、改革集体所有权和土地使用方式以及为支持乡村发展提供更多教育培训和奖励政策。乡村振兴战略的目标和时间表解释如下：

（1）到 2020 年，为该战略建成一个制度框架和政策体系。届时将没有人生活在贫困线以下，乡村及农业生产力将得到大幅提高。

（2）到 2035 年，基本乡村及农业现代化将取得决定性进展。所有城乡居民都能平等享受基本服务；同时，城乡一体化程度应显著提高。

（3）到 2050 年，乡村地区实现全面振兴。

4.2.4 海绵城市构想

在过去几十年城镇化飞速发展期间，一些与发展和建设相关的行为（如开山、填河和砍伐森林）严重破坏了环境，极大改变了水资源状况。结果，不透水表面增加，渗透性下降，降雨径流量和峰值流量均有增加。

“海绵城市”构想旨在应对快速城镇化和气候变化造成的日益严重的洪水风险。该构想提出了一种整体办法，提出将城市水资源管理纳入城市规划设计和可持续发展政策的主要内容。2015 年，住房和城乡发展部、财政部和水利部发起海绵城市构想目的如下：

（1）采取和推动一系列低影响发展倡议，以更有效地控制城市峰值径流，并临时储存、回收和过滤雨水。

（2）利用更多防洪基础设施，升级传统排水系统（如地下储水隧道），通过低影响发展系统提高现行排水保护标准，以减少过多的雨水，应对峰值雨水排放。

（3）将湖泊、湿地和其他自然水体纳入排水设计，同时设立多重目标（如改善生态系统服务），提供更多蓝色空间（人工水体）和绿色空间（公园、花园），使城市变得更加美观。

海绵城市项目最早挑选了16座试点城市，后来又增加了14座试点城市。《海绵城市建设技术指南》明确了项目的几大目标，即：①使能够吸收地表水排放的城市用地表面面积增加20%；②到2020年，将高达70%的城市雨水进行留存和（或）重复利用；③到2030年，将雨水回收率进一步提升到80%。因此，海绵城市倡议不仅能防治中国城市洪涝，还能主动收集、净化和重复利用雨水，以应对未来的极端天气事件（如洪水和干旱等）。

海绵城市构想并非中国独创。该构想与其他国家或城市实施的构想类似，如澳大利亚的“水敏感城市设计”以及“百大弹性城市”项目的方法论框架。海绵城市构想的增值效应在于迫使城市将土地使用规划与水资源管理相结合。

4.2.5 河长制

2007年，太湖流域一些市县试点推行河长制，由政府及有关部门领导干部担任“河长”。这些河长受命处理江苏省太湖的蓝藻爆发问题。随后，一些水资源丰富地区陆续实施河长制，加强政府各部门间的协调，加强水资源保护、水污染防治、水环境治理等工作。基于这些试点地区的经验，中国政府于2016年11月颁布文件，决定全面推行河长制，各地领导干部的政绩考核将与河长制挂钩。到2018年年底，河长制在全国范围内建立。

2018 年 6 月，这项旨在改善中国水治理的新举措已在 31 个省份成功实施。河长制将保护水体的责任明确交付给政府官员。全国范围内有超过 30 万名领导干部被任命为省、市、县、乡四级河长，同时设立 90 多万名村级河长（含巡河员、护河员）。这一基本理念鼓励领导干部更多地关注其辖区内的河湖管理以及经济与环境政策的平衡。

4.3 促进国际和区域发展和一体化的国家战略

“十三五”规划的宏伟愿景号召：在“一带一路”倡议、京津冀协同发展和长江经济带发展的引领下，基于区域总体发展战略，建设由沿海、沿河和沿边组成的纵横经济轴。需要仔细研究这一提议，理解其对水资源的影响。

从“经济带”到“经济轴”的转变意味着中国的区域发展将更多关注一体化和协调发展。若干增长极将推动区域协调发展。这些增长极将成为区域发展的中心，维持经济的中高速增长。三大国家战略将指引中国东、中、西和东北地区一体化发展。全国一体化将带来沿海、沿河和沿边地区的全面开放，打造交通路线，通往新的国内、区域和国际市场。

中国西部地区的发展依赖绿色农产品加工、文化旅游和其他有特色、有竞争力的行业。该提议确认，应加强水资源的有效利用，加大生态环境保护力度，以提高生态安全的屏障作用。

4.3.1 “一带一路”倡议

2013 年，中国提出了举世闻名的丝绸之路经济带和 21 世纪海上丝绸之路联合倡议（也称“一带一路”倡议）。

丝绸之路经济带起点为中国，终点为欧洲，途径中亚和俄罗斯，经由中亚和西亚到达波斯湾和地中海，沿途到达东南亚、南亚和印度洋。21世纪海上丝绸之路以中国沿海港口为起点，向两个方向延伸，一条经由印度洋到达欧洲，另一条穿过南太平洋。

这一重要的倡议号召中国国内水利部门通过增强与新丝绸之路（“一带一路”）沿线国家的合作，积极参与“水外交”，利用好中国在水利基建项目规划、调研、设计、施工和技术等方面的优势，参与国际水事。

4.3.2 京津冀地区协同发展战略

作为中国的政治、经济、文化和科技中心，京津冀地区是中国东部的重要增长极，也是全国经济发展的重要引擎。通过多年的重大水利基建项目建设，京津冀地区建立了良好的防洪和供水系统。但是，该地区人口和工业高度集中，水资源和环境严重超负荷运行，导致了许多与水相关的明显问题，如水资源短缺、水生态退化、水污染严重、用水矛盾频发等。

目前，京津冀地区的用水模式和水资源结构不可持续。例如，供水严重依赖地下水的超采，农业用水比例相对较高，服务业和生态环境用水比例在北京市区较低，这一现象在天津更加突出。2014年，农业用水占天津市用水总量的45%，服务业用水仅占4.6%。地下水源供水在天津供水总量的占比高达66%，而在河北省这一比例接近75%。非常规水源（如再生水、微咸水或海水淡化）未得到充分利用。

随着中国出台京津冀协同发展战略，北京的非首都功能将被疏解，区域布局和经济社会发展方式将面临转型。这将导致用水需求的变化，取水方式的变化和用水结构的调整。此外，南水北调工程开始供水，水源布局和分配也将改变。该区域需要发展新型农业、工业和商业，即发展低用水行业，主要发展高科技高价值行业和低用水农业。所有高污染行业必须关停或转移至中国其他地区。

各行业各地区用水情况和用水效率都需要提高，以打破水资源瓶颈，控制地下水超采，恢复河流和湖泊生态系统，并有效增强区域用水安全。

4.3.3 长江经济带保护

长江经济带位于中国南北分界线的中心，占据了极为重要的生态位置。该地区光照、热量、水资源和土地资源丰富，因而生长了丰富的动植物。该地区是中国最重要的水源保护区，也是关键的生态保护屏障。该地区发展历史悠久，人口众多，工业密度大。

以往的水资源和水环境问题尚未得到充分解决，而高速发展带来的新问题日益凸显，将更为严重地制约长江经济带的经济社会发展。长江是其中下游城市的一大重要饮用水水源，尤其是其中一些城市唯一的饮用水水源。但近些年，由于污染物总负荷继续上升，饮用水安全受到威胁。水资源过度开发使得水生态和水环境进一步恶化。而且，新的生态环境问题也在出现，其中包括湖泊和湿地萎缩，支流的部分河段干涸，从而严重威胁稀有水生生物的生存。许多化学工业园区和危险化学品中转站都依长江而建，消除重大水污染事件隐患变得更加困难。保护长江中下游水资源和水生态环境的严格规定必须马上实施，刻不容缓。

2016 年，中国党和国家领导人提出长江“共抓大保护，不搞大开发”。2017年，中国政府发布了针对长江经济带的环境治理方案。长江经济带涉及面积逾200万km^2，涵盖9个省份和2个直辖市。覆盖全国40%的人口。

4.4 现行水资源管理制度

在中国，水是一种供全民使用的国有自然资源。因此，各级政府依据经济社会发展和生态保护需要控制和管理水资源。总体而言，管理体系涵盖从水资源的分配、供给、使用和消费到排水、减灾、污染物控制、废污水处理和重复利用等全流程。

4.4.1 用水总量控制

全国水资源总体规划规定了经济社会发展的用水需求总量和为保护生态系统提供的水量，据此，中国政府为全国用水总量设置了上限。目前，全国用水总量达到6100亿m^3。到2020年，用水量将严格控制在6700亿m^3以下，到2030年，用水上限将不超过7000亿m^3。这是用水总量红线。

4.4.2 跨流域水资源调配

中国的水资源分布十分不均，存在明显的时间和空间差异。建立有效可持续的水资源配置体系，对于支撑经济社会发展具有重要意义。例如，中国华北地区普遍缺水，因此已从长江流域调水以重新分配水资源。2014年，中国10个水资源一级区的调水量达到191亿m^3，占总供水量的3%。

4.4.3 流域内水量分配

在中国，除了跨流域重新分配水资源以外，水资源也会在某些流域内进行分配。例如，1987 年，国务院批准对黄河水资源进行分配（1987 年黄河水量分配方案），确定了黄河流域各省（自治区）的可供水量。该方案考虑了为保护生态系统目的而进行的水量分配。根据国家标准，在黄河流域干旱的西北部，至少 40％的水量应分配给湿地和天然绿洲。另外，黄河可供水量分配方案还规定，每年应储备 210 亿 m^3 的水量，用于平衡黄河三角洲的泥沙，保护当地生态系统。

4.4.4 用水和排水许可

根据为各流域分配的水量，涉及的地区和相关政府通过许可证制度在所分配水量范围内对用水情况进行控制。目前，各省（自治区、直辖市）2020 年和 2030 年的用水上限已经划定。用水许可证颁发数量受用水红线的限制。但是，大多数许可证只颁发给大型产业和城镇居民用水户以及一些大型灌溉项目。大部分小型用水户，如利用地下井水进行灌溉的农民，不受该许可证制度的覆盖和控制。

国家十分重视节约用水，水资源规划管理通常把用水效率列为主要的约束因素和目标。节约用水已成为国家和地方水管理工作的头等大事。

在符合水质保护要求的前提下，可以进行废污水排放。中国为各水功能区设置了水质达标比例，全国平均水质达标率 2020 年应达到 80％，2030 年达到 95％（见表 4.3）。

表4.3 各省（自治区、直辖市）重要江河湖泊水功能区水质达标率控制目标

省（自治区、直辖市）	达标率/%		
	2015年	2020年	2030年
北京	50	77	95
天津	27	61	95
河北	55	75	95
山西	53	73	95
内蒙古	52	71	95
辽宁	50	78	95
吉林	41	69	95
黑龙江	38	70	95
上海	53	78	95
江苏	62	82	95
浙江	62	78	95
安徽	71	80	95
福建	81	86	95
江西	88	91	95
山东	59	78	95
河南	56	75	95
湖北	78	85	95
湖南	85	91	95
广东	68	83	95
广西	86	90	95
海南	89	95	95
重庆	78	85	95
四川	77	83	95
贵州	77	85	95

续表

省（自治区、直辖市）	达标率/%		
	2015 年	2020 年	2030 年
云南	75	87	95
西藏	90	95	95
陕西	69	82	95
甘肃	65	82	95
青海	74	88	95
宁夏	62	79	95
新疆	85	90	95
全国	60	80	95

注 资料来源于《国务院办公厅关于印发实行最严格水资源管理制度考核办法的通知》（国办发〔2013〕2 号）。

4.4.5 水权及排污交易

目前，中国所有省份都将（根据红线确定的）用水量细分到辖区内各个地区。在宁夏回族自治区和内蒙古自治区，用水权交易已开展了 10 年，允许将农业用水权转为工业用途。2014 年，水利部在 7 个省份启动水权交易试点。然而，水权交易的管理需要更有效的控制手段，如智能水表计量系统，但系统的运行和维护成本很高。

废污水及污染物排放在大多数地区是不可避免的问题，目前大部分流域已实行排放许可证制度。一般基于水流情势、水质目标和污染物影响等因素颁发排放许可证。但是，中国的排放许可证制度只涉及化学需氧量和氨氮，不包含其余污染物。环境保护部（现已更名为生态环境部）自 2007 年起便开始在 11 个省份探索排污权交易模式，并于近年开始向全国推广。

4.4.6 用水监测和计量

为了加强问责，需要对水量分配和用水许可证制度以及水权交易制度进行更多的监测和计量。在中国，监测和计量工作滞后，无法满足水资源管理的要求。中国正在建设一个全国水资源监测网络。该网络第一阶段已经竣工，第二阶段正在进行。中国还在建设一个全国地下水监测网络项目，并正在设立一个信息中心，建设 2 万个监测井。用水计量系统正在扩容，以期将小型用户也纳入其中。

此外，中国还计划对水资源管理的实际开展情况进行评估，评估内容包括：设定水量分配、取水许可证、水资源管理“三条红线”目标和数据监控。该评估旨在确定现行水管理实践是否有效。政府还实施了一系列规定，以鼓励良好管理实践，惩罚违反既定限制规定的行为（如过度开发用水或污染物排放超标等）。

4.5 水治理

在当前形势下，中国需要对其传统的水管理方式进行升级，并建立一套现代水治理体系，该体系不仅要解决快速城镇化和现代化农业发展带来的各种新挑战，而且要应对全球气候变化带来的负面影响（见专栏 4.1）。目前，水利基础设施建设大体已有进展，但需要应对水管理面临的新约束，如可供水量有限和水资源受到污染等问题。水污染加剧了用水户对剩余清洁水资源的争夺。对于水管理而言，平衡分配经济社会发展和生态系统保护所需用水是头等大事。保护河流和其他水体的完整是当前国家战略的一个主要目标。

专栏 4.1

超越水管理，发展水治理

治理是一个相对新的术语，水治理也是如此。依据经济合作与发展组织（以下简称“经合组织”）的定义，水治理是制定、实施和审计水管理政策领域的一系列规则、实践和流程。在环保领域也有一个类似术语，叫环境治理。根据联合国环境署的定义，环境治理是处理人与环境互动关系的规则、最佳管理实践、政策和制度的综合。

治理有别于传统的管理。两者的主要区别包括三个方面。首先，管理主要是政府职责和职能，而治理还需要各利益相关方，包括企业、非政府组织甚至个人共同参与并开展对话。其次，管理基本是一个根据国家法律法规自上而下进行的过程。而治理所依据的规则多得多，除了法律法规，还包括自上而下或自下而上的对话过程。最后，治理的职能比管理更宽泛。管理主要通过高效率有成效地动用各种资源，协调政府工作来实现目标和目的。

资料来源：OECD. OECD Principles on Water Governance. 2015.

在水治理方面，中国需借鉴学习国际上水治理的好的做法。

（1）从立法层面给予支持。中国传统的水治理过分依赖政府和行政手段。未来 10～20 年，预计中国将推行社会治理改革。在此过程中，与水相关的法律、政策、监管、问责、透明度、公众参与、监督和执法有望成为主流。

（2）综合性质。更高程度的整合是改善中国水治理的关键。应把流域或小流域视作水管理的基本单元，视作囊括自然资源（河流、森林等）和人造资源（如农田、人类居住区和工业）的综合系统。两者紧密关联。应开发综合流域或小流域规划和管理系统，实现用水需求与资源保护的更好平衡。虽然中国85%的城市都设立了水务管理机构，但有些机构并未实现真正的整合。水量分配、供水、污水处理、防洪、河流管理和其他与水相关的事务经常由不同的部门和机构分开管理。未来，应该根据北京、上海等大城市的经验（这两个城市均由一个水务机构对水务进行高效整合和管理），推广更高程度的综合管理。

（3）透明度和参与式治理。可用水资源有限、水资源和环境面临进一步压力等问题会导致更多矛盾冲突。为了消解这些矛盾，需要在各用水户之间进行更多对话，也需要民众更好地参与决策。世界银行提出的用水户协会是在农场层面鼓励用户参与灌溉管理的成功模式。为了加强对话、提高参与度，应在小流域和城镇开发推广类似的参与式治理模式。用水户应享有用水权，理想情形下应能在市场平台上交易这些水权，以期用最小的经济成本优化水资源的分配和保护。

中国政府要求在分配包括水资源在内的各种资源时给予市场工具更多的重视。湖北省、江西省和宁夏回族自治区开展了用水权试点，并对具体用水权进行了界定；试点工作也在甘肃省、广东省、河南省和内蒙古自治区进行，那些地方正测试水权交易方案。全国水权交易中心已在北京设立，自2016年起运行。该中心由国务院批准，由水利部和北京市市政府共同筹建，为水权交易提供了一个平台，并将继续协助相关政策的制定。

（4）整体流程。在未来，水治理工作需涵盖两个重要的水循环，包括大规模（总体）水文循环，以及由饮用水、市政用水、工业用水和排水组成的小规模水循环。对于水文循环，应更加重视修复健康水系统；提供更多水域面积；处理好泥沙平衡、实现河流走廊多样化并保护入海口的生物多样性等。应最大程度降低人类活动对水文循环的影响，应更严格地控制人类活动，在发达地区尤其应该这么做。对于小规模用水循环，治理工作应考虑其他水源、（地下）水系统的回补、调水、水处理、水分配、终端用户节水、用水控制、污水收集和处理、废污水回收利用和排放等问题。为了提高城镇地区的供水安全性，应考虑上游水源保护。水污染防治应包括污染源识别、排污单位内部预处理、污水在排入水体前的集中处理等工作，随后需要保护水体免受污染，以保障生态服务。

第 5 章

水安全评估

水安全的定义是“以可靠和可持续的方式、在可接受的水相关风险范围内，为人们的健康、生活和生产提供可接受数量和质量水平的水资源”。

亚行使用《亚洲水发展展望》中的方法评估亚洲和太平洋地区的水安全状况。该方法对五个关键维度打分：家庭水安全、经济水安全、城市水安全、环境水安全和抵御水灾害能力。《亚洲水发展展望》所用的方法反映了水安全的发展过程，比较了本区域各国的水安全水平。水安全指标在国家层面确定。

国家水安全评估参照亚行《亚洲水发展展望》的模式，制定了新的评价指标体系，用以评价中国水安全状况。开发这一加强版创新方法是为了适应中国的具体国情，并能够在省级进行打分。

5.1 亚洲水发展展望

2013 年和 2016 年版《亚洲水发展展望》通过五个维度（家庭

水安全、经济水安全、城市水安全、环境水安全和抵御水灾害能力）对中国水安全状况进行了评分。评分范围为“0 分”（不安全）到“100 分”（完全安全），中国水安全状况在 2009 年和 2014 年的得分分别为 44.3 分和 61.8 分[1]。2009—2014 年这段时间中，中国的水安全状况有明显改善。2016 版《亚洲水发展展望》对亚太地区 48 个国家（包括澳大利亚、日本和新西兰这三个发达经济体）进行了评估，中国排名第 17 位。

图 5.1 也反映了中国水安全方面的积极发展，图中的评分根据 2013 年和 2016 年版《亚洲水发展展望》五个关键维度得出。中国在每个维度上都取得了进步，其中家庭水安全和抵御水灾害能力两方面的进步尤其显著，而环境维度则有待进一步改善。

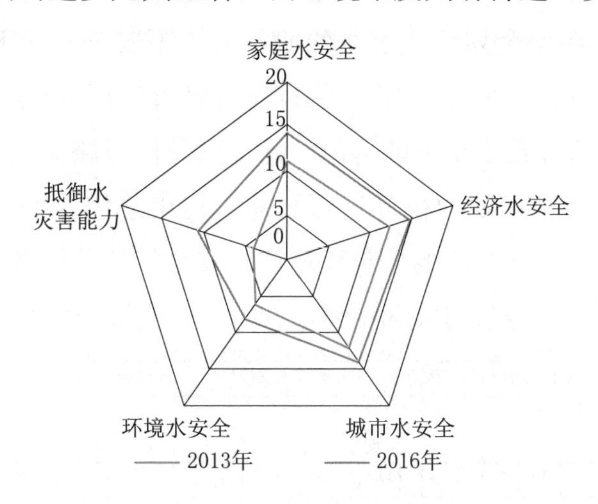

图 5.1　2013 年、2016 年中国在水安全方面取得的进展

注：资料来源于亚行 2013 年和 2016 年版《亚洲水发展展望：衡量评估亚洲和太平洋地区的水安全》。

[1] 2013 版《亚洲水发展展望》的评分反映了截至 2009 年中国的水安全状况；2016 年版《亚洲水发展展望》的评分反映了 2014 年中国的水安全状况。

5.2 中国水安全评估方法的调整及评估结果

基于亚行《亚洲水发展展望》的模型，国家水资源评估研究开发了一个经过调整的指数系统，以确定中国水安全水平。在调整后的系统中，水安全同样从五个关键维度进行评估，但《亚洲水发展展望》中的城市水安全维度被生态水安全维度所取代。国家水资源评估报告的五个维度包括生活水安全、生产水安全、环境水安全、生态水安全和水旱灾害防治（即抵御水灾害能力）。

把20个可以量化的指标嵌入这五个关键维度，这些指标反映了水资源的基本功能、水服务、用水可持续性和水资源保护。用这些指标将水安全划分成五个级别，即，不安全、较不安全、基本安全、较安全和安全。用同样的权重对指标评分进行汇总和平均，为每个维度得出单一的分值。评估的总体思路见图5.2。用同样的权重对每个维度的得分进行汇总，得出总体水安全得分。每项指标、每个安全维度的分数和总体水安全的分数均按1～10分的评分范围打分，分数与表5.1列示的五个安全级别相对应。

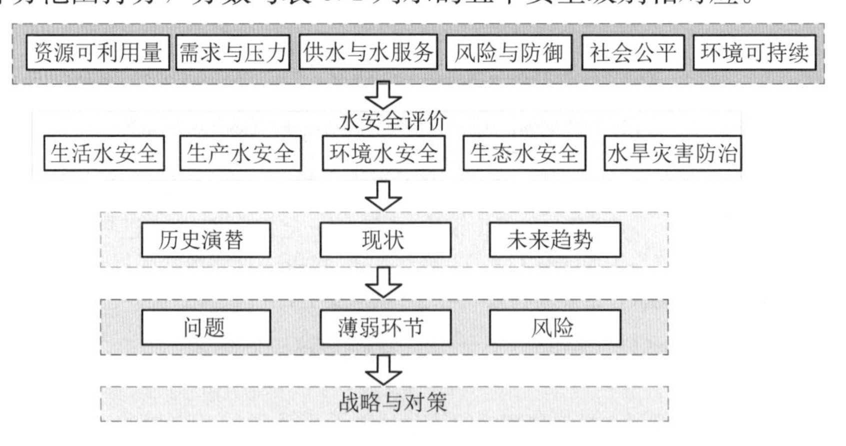

图5.2 水安全评估和战略制定的总体思路

在省级开展评估，然后汇总得出全国情况。该评估方法捕捉了空间差异。大多数数据来自 2014 年，这意味着水安全得分体现的是截至 2014 年的水安全状况，因此与 2016 年《亚洲水发展展望》的研究结果具有可比性。

表 5.1　　水安全等级划分区间

安全等级	不安全	较不安全	基本安全	较安全	安全
指数范围	0～2	2～4	4～6	6～8	8～10

5.2.1　生活水安全

决定生活水安全的因素包括城乡供水服务的标准和覆盖范围以及安全饮用水保障体系的可靠性。生活水安全有以下四项指标。

（1）城镇自来水普及率。该项指标是指城镇总人口中能够获取公共自来水供应的人口比例，根据有关城镇自来水普及率统计进行估算。除了北京、河南和西藏，其余大多数省份在这项指标的得分都很高。北京有相当一部分人口仍然靠开挖的地下水井供水。

（2）城市多水源保障率。该项指标以调查和官方数据为依据，反映拥有多个供水来源的城市在所有城市中的占比。拥有多个水源的城市更能抵御供水中断等问题。北京、上海和天津这三个直辖市已建立多个供水来源，因此抵御供水中断的能力较强，其余省份在该项指标的得分比这三个直辖市低很多。

（3）城乡集中式饮用水水源地水质达标比例。该项指标是指达到相关原水水质监管标准的城乡地表水和地下水水源在相应水源总数中的占比。各地得分在 60%～100%，显示了各省（自治区、直辖市）的线性分布。北京、天津和河北在该项指标得分最高，得分最低的为四川、广西和青海。

（4）农村自来水普及率。该项指标是指乡村总人口中能够获得自来水供应的人口比例。各省得分在40％～100％之间，数值分布较广，显示各省的线性分布。得分最高的前三个省（直辖市）分别为上海、北京和江苏，这三个省（直辖市）农村人口较少，乡村自来水保障工作做得比较好。得分最低的三个省（自治区）为西藏、陕西和安徽，这三个省（自治区）位置相对偏远、发展程度较低，而且拥有大量农村人口。

表5.2列示了生活水安全四大指标的汇总数值以及由此得出的整个维度得分。这些汇总得分背后的各省数据呈现出有趣的发展趋势。将生活水安全评为“较安全”，考虑到城乡自来水普及率和水服务质量的差异，这个评估结果偏于乐观。生活水安全最好的三个省（直辖市）为北京、上海和天津。偏远地区（广西、西藏和云南）和中部一些发展程度较低的人口大省（安徽、河南和四川）的生活水安全得分最低。

表5.2　2014年生活水安全各指标得分和关键维度得分

指标	指标值/％	指标得分	维度得分
城镇自来水普及率	85.6	9	7.3
城市多水源保障率	30.7	4	
城乡集中式饮用水水源地水质达标比例	72.3	8	
农村自来水普及率	74.6	8	

5.2.2　生产水安全

生产水安全维度与最严格水资源管理制度“三条红线”中的

用水总量和强度控制相呼应，反映不同行业用水效率以及粮食生产、工业、能源和城镇发展过程中水资源支撑经济增长的生产性利用，反映水资源短缺和水资源利用效率低对经济可持续增长的影响。

生产水安全维度有以下四项指标：

（1）用水总量控制比例。国务院出台的《实行最严格水资源管理制度考核办法》对2020年和2030年全国及各省用水总量设定了明确的最高控制目标。目前，新疆用水总量已远超其最大控制量，江西和甘肃两省已接近控制上限。其余大多数省份用水总量控制比例为80%～95%。上海和青海距上限仍有较大空间。

（2）缺水率。该项指标将缺水总量与需水总量进行比较。缺水量计算公式为实际短缺量加上超采的地表水或地下水水量。全国一半左右省份的缺水率仅为1%～15%。第二梯队省份的缺水率为20%～25%。河北缺水率最高，超过40%。

（3）万元GDP用水量。该项指标是指按照2010年不变价格、每万元GDP所用水资源量。该项指标表示经济用水的生产率。该项指标得分最高的是天津、北京和山东。考虑到这些地区缺水严重，它们在该项指标相对较高的得分说明缺水不一定总是负面因素。天津、北京和山东能够得高分是因为水资源短缺迫使它们提高生产率。然而，这些地区在一定程度上应该为地下水超采和挤占河道内生态用水负责，这些行为给环境水安全和生态水安全等其他水安全维度造成了压力。农业用水效率方面情况类似。

（4）农田灌溉水有效利用系数。该项指标是指灌溉净用水量占农田灌溉总配水量的比例。灌溉效率最高的是上海、北京、天津、河北和山东。相对而言上海、北京和天津几乎没有土地发展农业，因此，这些超大型城市非常高效地利用水资源，为其庞大的人口服务。河北和山东两地缺水严重，因而大量投资于农业节水（农业是这些地区的主要用水户），以便从中节约水资源，用于其他高效益的经济活动。大多数省份的农田灌溉水有效利用系数在 0.45～0.6 之间。

表 5.3 列示了生产水安全维度 4 项指标的汇总数值以及由此得出的整个维度得分。全国生产水安全评估为“基本安全”。目前，该维度面临的主要问题是在各行业总体用水效率很低。另外，华北地区可以获取的水资源有限，需求远远大于供给。在经济发达的沿海地区，如上海和浙江，由于当地用水效率较高，生产水安全情况最好，这点不足为奇。

表 5.3　2014 年生产水安全各指标得分情况和关键维度得分

指　　标	指标值	指标得分	维度得分
用水总量控制比例/%	90.1	8	5.5
缺水率/%	8.0	5	
万元 GDP 用水量/m^3	109.4	3	
农田灌溉水有效利用系数	0.5	6	

5.2.3 环境水安全

决定环境水安全的要素包含水环境质量、污染物入河量和强度，以及污水管理系统的标准和服务覆盖程度等。

环境水安全维度共有五项指标：

（1）达到或优于Ⅲ类河长比例。该项指标每年进行考核，是指达到Ⅲ类及以上水质的河流长度占被评价河流总长度的比例。各省（自治区、直辖市）达到Ⅲ类及以上水质的河流长度占比在

35%～100%之间。重庆、西藏和海南的水质最好。重庆水质居全国榜首，原因是其靠近长江和嘉陵江两大河流的交汇处，独特的地理位置为其稀释了排放的污染物。西藏水质好则是因为开发程度较低，海南是因为其水资源特别丰富。

（2）点源化学需氧量入河量控制比例。该项指标是指每年点源污染化学需氧量入河量与最高点源化学需氧量入河控制量的比例。大多数省份该项指标超过其最高控制量 100%～210%。山西、陕西和新疆的超过控制量最多，这些省份水资源十分有限。上海该项指标超标最少，紧随其后的是青海和西藏。点源氨氮入河超标情况与此类似。

（3）点源氨氮入河量控制比例。该项指标是指每年点源污染氨氮入河量与最高点源氨氮入河控制量的比例。同样，大多数省份该项指标是超标排放。山西、内蒙古和河北超标最多，其中山西的超标率接近 700%。该项指标方面表现最好的是上海、青海和西藏。

（4）工业废水处理率。该项指标是指排入水体前经处理的工业废水占工业废水总量的比例。根据环境保护部（现已更名为生态环境部）重点调查工业企业工业废水处理率，估算该项指标的数值。过半省份的工业废水处理率在 70%～80%之间。表现最好的是浙江、天津、辽宁和北京，这四个省（直辖市）的处理率都超过了 75%。表现最差的是重庆、海南和甘肃，其处理率都在 50%左右。

（5）城镇污水处理率。该项指标是指城镇中经处理的污水占城镇生活污水总量的比例。几乎所有省份的城镇生活污水处理率都在 60%～80%之间。表现最好的三个省（直辖市）是辽宁、天津和安徽。西藏表现最差，生活污水处理率低于 20%。

表 5.4 列示了环境水安全维度五项指标的汇总数值以及由此得出的整个维度得分。环境水安全维度在所有维度中安全程度最

低。从全国层面看，环境水安全等级在“较不安全”和“基本安全”之间，亟须提高。造成环境水安全水平较低的原因包括：①大量生活和工业点源污染物持续不断排入水体；②城镇中污染防治基础设施（如污水管道和污水处理厂）不足；③农业面源污染物继续排放，控制不力。由于许多城镇水资源有限、污染物排放过多、缺乏有效的废水管理系统，山西、河南、陕西和甘肃的环境水安全水平最低。

表5.4　2014年环境水安全各指标得分情况和关键维度得分

指　　标	指标值/%	指标得分	维度得分
达到或优于Ⅲ类河长比例	72.8	8	4.0
点源化学需氧量入河量控制比例	191.2	2	
点源氨氮入河量控制比例	243.7	1	
工业废水处理率	71.4	4	
城镇污水处理率	77.3	5	

5.2.4　生态水安全

决定生态水安全的要素包括水生态系统保护能力、地表水和地下水可持续使用情况，以及恢复和维持生态健康以提供和维持生态服务的能力等。

在全国层面，生态水安全的等级为“基本安全”，需要进一步提升。在水资源丰富、经济发展压力较小和水土流失发生较少的地区（如海南、湖南和上海），生态水安全程度较高。在生态脆弱的省（自治区、直辖市），如新疆、内蒙古、甘肃、河北和山西，水土流失与水资源短缺同时存在，因此生态水安全程度最低。在一些省（自治区、直辖市），水资源短缺也是导致挤占河道内生态用水和超采地下水的主要原因。

生态水安全维度有以下四项指标：

（1）严重水土流失区面积比例。该项指标是指因水蚀和风蚀而发生严重水土流失的地区占国土总面积的比例。水土流失强度分为五个档次：轻度、中度、强烈、极强烈和剧烈。甘肃、内蒙古和新疆这三个省（自治区）的严重水土流失比例超过18%。逾7成省（自治区、直辖市）严重水土流失面积比例不足10%。上海和海南的水土流失问题较小。

（2）河道内生态环境用水挤占比例。该项指标是指被挤占河道内生态用水占地表水供水总量的比例，数值按10年滚动平均数计算。一半省（自治区、直辖市）（主要位于华北地区）滥用原本应为生态流量储备的水资源，所有其余省（自治区、直辖市）则未侵占用于环境支持和保持环境完整所必需的最低水量。河北、山西和新疆挤占比例25%～40%。

（3）地下水超采比例。该项指标指在平原、丘陵和山区超采的地下水量占地下水总供水量的比例，按10年滚动平均数计算。中国过半省（自治区、直辖市）存在地下水资源超采情况，其中新疆、天津和河北超采情况最为严重，超采比例均超过35%。

（4）淡水湿地保护率。该项指标是指受保护的内陆淡水湿地（按照《自然保护区类型与级别划分原则》界定）估计面积占自然淡水湿地总面积的比例。所有省（自治区、直辖市）的比例均显示线性分布。上海、天津、海南、重庆和黑龙江的比例最高，均超过73%。山西保护程度最低，受保护比例仅为10%左右，新疆和河北的比例约为20%。

表5.5列示了生态水安全维度四项指标的汇总数值以及由此得出的整个维度得分。由于生物多样性和水体生态健康方面缺乏

具有统计意义的定量指标，生态水安全的计算得分可能偏于乐观。目前，大多数水体（河流和湖泊）的水生态状况堪忧，生态退化速度似乎尚未得到扭转。若不能系统修复水生态系统、对已经退化的水生栖息地进行生物恢复，从而迅速有力地解决该问题，那么许多水体可能再也无法持续提供水生态系统服务，而这些服务具有举足轻重的环境和经济意义。

表 5.5 2014 年生态水安全各指标得分情况和关键维度得分

指标	指标值/%	指标得分	维度得分
严重水土流失区面积比例	10.4	4	4.8
河道内生态环境用水挤占比例	3.1	6	
地下水超采比例	18	4	
淡水湿地保护率	47.8	5	

5.2.5 水旱灾害防治

水旱灾害防治决定了水灾害可能对经济社会发展产生的影响范围和影响程度、从水灾害中恢复的能力以及水利基础设施抵御水灾害的能力等。

水旱灾害防治包括以下三大指标。

（1）洪涝灾害损失率。该项指标是指洪灾导致的直接经济损失占 GDP 总额的比例，考虑的是 2012—2014 年 3 年期的平均数值。与所有其他省（自治区、直辖市）相比，海南、甘肃和四川遭受的损失较为严重，占各自 GDP 的 1%至 2.5%甚至更多。大多数省（自治区、直辖市）虽然也遭受了经济损失，但在 GDP 的占比不到 1%。

（2）干旱灾害损失率。该项指标是指旱灾导致的直接经济损失占 GDP 总额的比例，考虑的是 2012—2014 年的平均数值。测算依据包括因旱受灾面积、成灾面积和绝收面积。旱灾导致的经济损失率呈现的态势与洪灾导致的经济损失率类似，但各省（自治区、直辖市）的这类经济损失在 GDP 中的占比不等，从 0.75%到可以忽略不计，而且各省（自治区、直辖市）的变化更为线性。受旱灾影响最严重的省份包括湖南、辽宁和甘肃。一些沿海省（自治区、直辖市），如天津、上海和海南，则未遭受干旱导致的损失。

（3）水旱灾害影响人口比例。该项指标是指总人口中受洪灾影响的人口加上因干旱而饮水困难的人口所占比例。得分数据在各省（自治区、直辖市）之间呈现线性渐进分布。受影响人口比例为 1%～20%。贵州、四川和云南的人口受影响最为严重，而上海、河南和新疆的人口受影响最小。

表 5.6 列出了水旱灾害防治维度三项指标的汇总数值以及由此得出的整个维度得分。中国水旱灾害防治的等级为“较安全”，离“安全”等级仅一步之遥。如此高的评价可能与中国过去三年未遭受特大洪水或干旱有关。大部分发达沿海省（自治区、直辖市）（如江苏、上海和天津）水旱灾害防治较强，在一定程度上是因为这些省（自治区、直辖市）根据更高的灾害发生间隔制定了防洪抗旱标准，以保护这些重要的经济区域。甘肃、四川、贵州和海南风险防控措施有限，因此抵御灾害的能力最弱。

表 5.6　2014 年水旱灾害防治各指标得分情况和关键维度得分

指　　标	指标值/%	指标得分	维度得分
洪涝灾害损失率	0.4	8	7.3
干旱灾害损失率	0.2	9	
水旱灾害影响人口比例	9.2	5	

5.2.6 总体水安全状况及建议

中国总体水安全的评估结果是“基本安全”（见表 5.7 和图 5.3）。上海、北京和天津三个直辖市以及江苏、福建和浙江等水资源丰富沿海地区的总体水安全状况最好。甘肃、新疆、山西、宁夏和陕西总体水安全状况不佳，这些省份严重缺水、经济发展较为落后。

表 5.7　2014 年按关键维度的总体水安全状况评估

维　度	2014 年得分	不安全	较不安全	基本安全	较安全	安全
生活水安全	7.3				√	
生产水安全	5.5			√		
环境水安全	4			√		
生态水安全	4.8			√		
水旱灾害防治	7.3				√	
总体水安全状况	5.8			√		

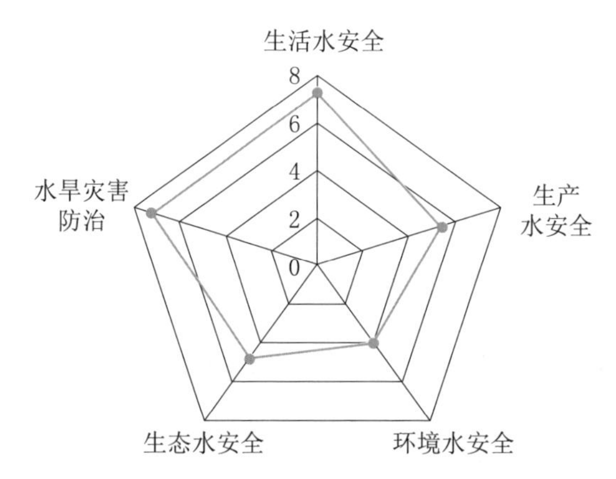

图 5.3　2014 年按关键维度评估的总体水安全状况

中国总体水安全水平偏低也说明尚有改善的余地。针对五个关键维度提出以下建议。

（1）生活水安全。可通过以下措施提升该维度得分：①优先考虑城镇和乡村的供水和服务升级；②有力控制点源和面源污染物入河量；③积极防范漏损，尤其是在缺水地区。

（2）生产水安全。为了提升该维度得分，应提高用水效率并采取节水措施，防止达到用水总量上限，从而缓解缺水现象（即使不能完全杜绝缺水现象）。这意味着调整水资源用途，将水资源用于高价值的经济活动，并开发非常规水源（如再生水、微咸水和海水淡化）。

（3）环境水安全。要改善该维度得分，需要在全国范围内升级工业和城乡废污水的收集、处理和循环利用。同时，需要在各城镇减少点源污染，尤其是来自工业的点源污染。这就要求出台更加有力的规定，管理好综合用水许可证并开展管控和执行工作。另外，应鼓励在集中式污水处理厂对生活污水和工业废水进行集中处理。在点源污染得到控制后，下一步应处理畜禽养殖或使用农药化肥所导致的面源污染。

（4）生态水安全。为了增强水体的承载能力，应强制修复水生生物栖息地，并增强与水相关的生物多样性。这要求出台相关国家战略，修复水生态，包括强调保护水生态空间、纠正超采地下水行为、纠正挤占生态用水行为。为了保障水生态健康，应识别并定义简单明了的定量生物指标，并对其进行系统化追踪。生态修复也有助于控制水土流失。

（5）水旱灾害防治。可通过以下措施提高该维度得分：①提高主要河流上游和重大支流的防洪基础设施标准，并依据更高的标准开展防洪基础设施建设工作；②在干旱易发地区完善应急响应预案工作；③为应对气候变化风险制定全国工作方案，并在省和省以下各级建立制定措施方案，以减缓灾害易发地区的风险。

为了改善全国的水安全状况，水治理必须成熟发展，与国际上良好的实践标准接轨。未来开展水安全评估时可纳入有关水管理能力的新的定量指标。

5.2.7 与《亚洲水发展展望》中有关内容的比较

国家水资源评估报告借鉴采用《亚洲水发展展望》的方法和原则，开发了一套加强版水安全评估方法，以适应中国的具体国情，并在全国应用这一经过调整的方法。由于国家水资源评估报告用生态水安全维度取代了《亚洲水发展展望》中的城市用水安全维度，直接将采用两种方法得出的评估结果进行比较并不完全可行。尽管如此，其余四个维度仍然具有可比性。

两种方法的比较结果见图 5.4，从图 5.4 中可以发现，两者的总分很接近，采用国家水资源评估报告方法的得分为 5.8，采用《亚洲水发展展望》方法得出的总分为 6.2。在这两种评估方法下，生活水安全和环境水安全的得分相同，但生产水安全和水旱灾害防治的得分存在明显差异，采用国家水资源评估报告方法得出的生产水安全维度得分偏于悲观、水旱灾害防治维度得分则偏于乐观。

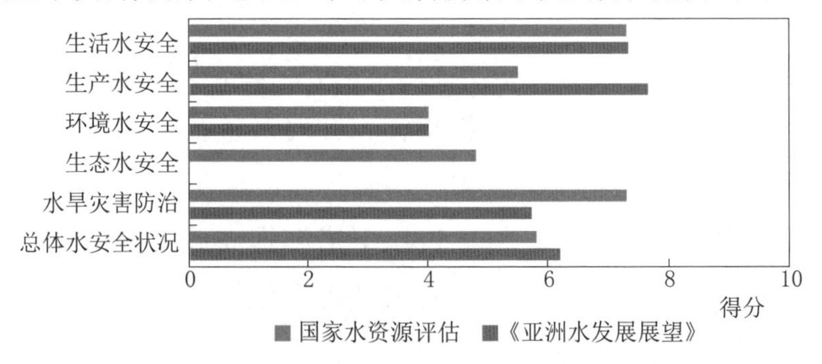

图 5.4 2014 年中国水安全评估结果比较

注：生态水安全是国家水资源评估报告采用的一个新的关键维度，它取代了《亚洲水发展展望》的城市水安全维度。

5.3 水安全未来发展趋势

5.3.1 改善水安全的各种情景

第 3 章根据未来经济社会发展趋势、可能采用的节水措施、更好的需求侧管理和升级后的污水收集处理系统，探索了 2020 年和 2030 年两个目标年可能出现的几种不同的水资源开发管理情景。同样，水安全评估结合所采取的水安全改善措施针对各安全维度设定了四种不同的情景。

（1）零情景：零行动情景。该情景假设在预计人口持续增长、城镇化持续推进、工业发展势头不减的背景下，政府未采取任何改善措施。该假设情景对于估算实现其他情景所设目的和目标所需的额外投资和服务非常重要。

（2）低情景：常规发展情景。该情景假设从 2015 年到 2030 年，政府仅采取少量改善措施，继续走 2000 年以来的老路。

（3）中情景：加速发展情景。该情景假设政府在节约用水、再生水利用、点源和面源污染控制和生态修复方面加速推进，采取了相当数量的改善措施。

（4）高情景：高速发展情景。该情景假设政府在加速发展情景的基础上采取高速度高强度的改善措施，加快运用大量资金投入基础设施建设，这种情景可能会对中央和地方财政预算造成多年压力。

5.3.2 改善水安全可能出现的趋势

依据上述推荐采取的改善举措，估算了 20 项水安全评估指标的目标值，并利用相同的水安全评估方法得出评分。图 5.5、

表5.8和表5.9概述了五个关键维度预计水安全改善情况及全国总体水安全状况。

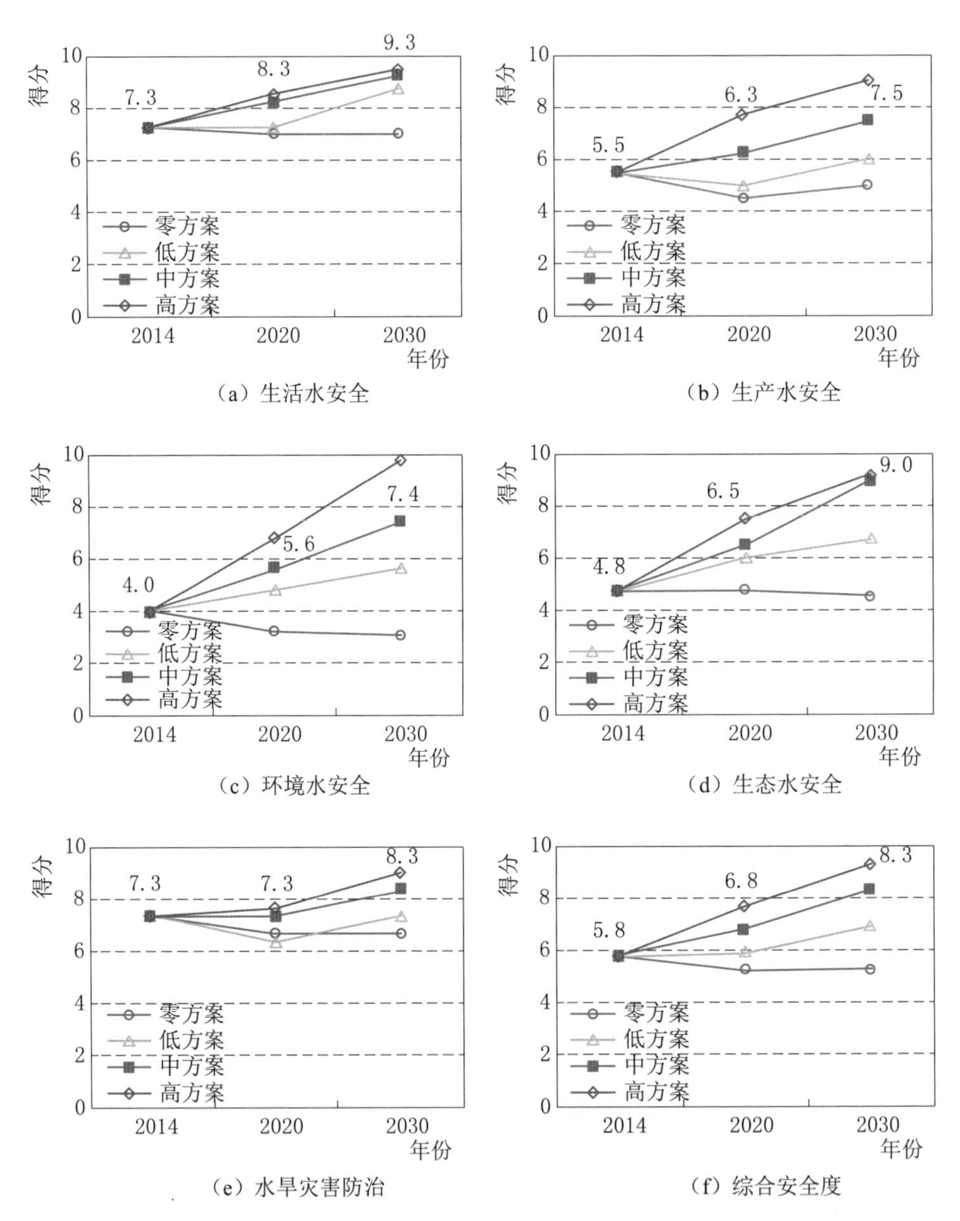

图5.5 2014年、2020年和2030年不同水安全改善情景下水安全维度得分

表 5.8　　2020 年和 2030 年不同水安全改善情景下按关键维度分列的水安全维度得分情况

维度	2014 年（基准年）	情景							
		零情景		低情景		中情景		高情景	
		2020 年	2030 年	2020 年	2030 年	2020 年	2030 年	2020 年	2030 年
生活水安全	7.3	7.0	7.0	7.3	8.8	8.3	9.3	8.5	9.5
生产水安全	5.5	4.5	5.0	5.0	6.0	6.3	7.5	7.8	9.0
环境水安全	4.0	3.2	3.0	4.8	5.6	5.6	7.4	6.8	9.8
生态水安全	4.8	4.8	4.5	6.0	6.8	6.5	9.0	7.5	9.3
水旱灾害防治	7.3	6.7	6.7	6.3	7.3	7.3	8.3	7.7	9.0
总体水安全水平	5.8	5.2	5.2	5.9	6.9	6.8	8.3	7.6	9.3

表 5.9　　2030 年不同水安全改善情景下按关键维度分列的水安全状况预测

维度	2014 年（基准年）	情景			
		零情景	低情景	中情景	高情景
生活水安全	较安全	较安全	安全	安全	安全
生产水安全	基本安全	基本安全	较安全	较安全	安全
环境水安全	基本安全	较不安全	基本安全	较安全	安全
生态水安全	基本安全	基本安全	较安全	安全	安全
水旱灾害防治	较安全	较安全	较安全	安全	安全
总体水安全水平	基本安全	基本安全	较安全	安全	安全

把零情景用作基线情景，检验现有差距和未来需要完成的任务。在零情景下，①用水效率提高程度有限，而需水量将持续快速增长，因而会拉大供需差距；②废污水、污染物负荷会持续增加；③由于需水快速增长，过度使用地表水的现象会继续，从而进一步挤占河道内生态用水；④减灾能力建设跟不上固定资产增加、城镇化加速和乡村生活水平提高等发展态势。因而，总体上水安全状况将持续恶化，尤其是生产水安全、环境水安全和水旱灾害防治三大维度。

在低情景下采取相关措施将给水安全维度带来一定好转。生活水安全、生产水安全和生态水安全这三个维度将有所改善。但环境水安全和水旱灾害防治这两个维度预计不会发生明显变化。总体水安全评估将从“基本安全”提升至“较安全”。

在中情景下，生活水安全、生产水安全、环境水安全和水旱灾害防治四个关键维度都将出现明显改善。在此情景下采取的行动也能保障生态水安全。

在高情景下采取的措施使生产水安全和环境水安全维度的水安全评估提升一个档次，但其他维度的评估几乎没变。

未来 15 年，建议中国采用中情景。图 5.6 反映了 2014 年、2020 年和 2030 年中情景下各关键维度水安全评估情况。

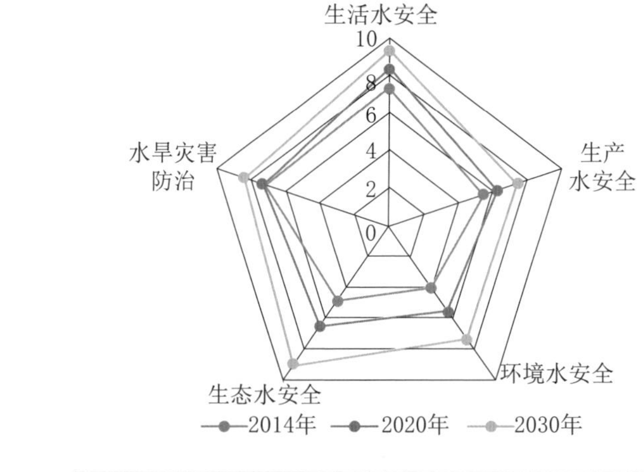

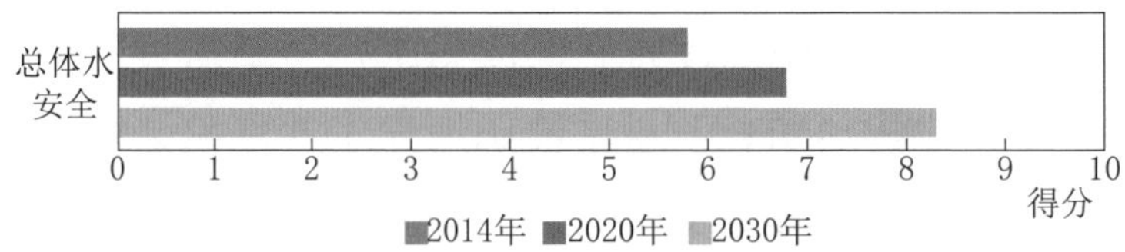

图 5.6　2014 年、2020 年和 2030 年中情景下各关键维度水安全得分

注：假设加速采取节约用水、再生水利用、防治污染和修复生态等措施，实现中情景的水安全提升。

5.4 可持续发展目标

2015 年 9 月 25 日，联合国通过了《2030 年可持续发展议程》及其可持续发展目标（SDGs）。这些目标为各国到 2030 年在全球范围内消除贫困、实现可持续发展提供了全面的通用指导。其核心内容涉及可持续发展三个方面（经济、社会和环境），总结归纳成 17 大目标和 169 项具体目标。第 6 大目标专门针对水资源。

作为世界上最大的发展中国家，中国始终坚持把发展作为第一要务，并已全面启动实施《2030 年可持续发展议程》的落实工作。2016 年 4 月，中国发布《落实 2030 年可持续发展议程中方立场文件》。2016 年 9 月，中国政府批准了《中国落实 2030 年可持续发展议程国别方案》，该国别方案包括五大部分：①总结了中国落实千年发展目标的成就与经验；②中国落实 2030 年可持续发展议程面临的机遇与挑战；③中国落实可持续发展议程的指导思想和总体原则；④中国落实 2030 年可持续发展议程的总体路径；⑤17 项可持续发展目标的落实方案。

国别方案将成为中国实施“创新、协调、绿色、开放和共享”发展理念、加速推进落实《2030 年可持续发展议程》、为其他国家尤其是发展中国家实施议程提供指导和借鉴、并尽其所能为全球发展事业作出贡献的指导方针。

5.4.1 与水相关的可持续发展目标：可持续发展目标 6

与中国国家水资源评估相关性最高的可持续发展目标是可持续发展目标 6。可持续发展目标 6 指为所有人提供水和环境卫生并对其进行可持续管理。该目标设置了6个具体目标（6.1～6.6）和两大落实手段（6.a和6.b）。中国的国别方案将这些具体目标转换成具体行动，详见表5.10。

5.4.2 其他与水相关的可持续发展目标

除了可持续发展目标6以外，国家水资源评估报告还提及若干其他与水相关的可持续发展目标和具体目标。这些目标分别涉及：健康（可持续发展目标3）、包容性和可持续经济增长（可持续发展目标8）、安全、有抵御灾害能力和可持续的城市和人类住区（可持续发展目标11）、可持续的消费和生产模式（可持续发展目标12）、气候变化（可持续发展目标13）和陆地生态系统（可持续发展目标15）。有关这些其他可持续发展目标项下与水相关的具体目标，详见表5.11。

引入可持续发展目标的具体目标是近期的事情。预计在适当的时候，中国政府的方案将把可持续发展目标的具体目标纳入其目的和活动，并开始监测其方案在实现这些具体目标方面的进展情况。《亚洲水发展展望》正努力将可持续发展目标与其关键水安全维度进行关联。同样，国家水资源评估报告所用的经过调整的方法预计也会进行这种关联。

表5.10 可持续发展目标6的具体目标和中国的落实举措

可持续发展目标6	中国的落实举措
6.1 到2030年，人人普遍和公平获得安全和负担得起的饮用水	实施农村饮水安全巩固提升工程，到2020年，中国农村集中供水率达到85%以上，自来水普及率达到80%以上。到2030年，确保人人普遍和公平获得安全和负担得起的饮用水

续表

可持续发展目标6	中国的落实举措
6.2　到2030年，人人享有适当和公平的环境卫生和个人卫生，杜绝露天排便，特别注意满足妇女、女童和弱势群体在此方面的需求	推进水卫生基础设施的全覆盖，到2030年，全国基本完成农村户厕无害化建设改造，确保人人享有适当和公平的环境卫生和个人卫生
6.3　到2030年，通过以下方式改善水质：减少污染，消除倾倒废物现象，把危险化学品和材料的排放减少到最低限度，将未经处理废水比例减半，大幅增加全球废物回收和安全再利用	落实《水污染防治行动计划》，大幅度提升重点流域水质优良比例、废水达标处理比例、近岸海域水质优良比例。加强重点水功能区和入河排污口监督监测，强化水功能区分级分类管理
6.4　到2030年，所有行业大幅提高用水效率，确保可持续取用和供给淡水，以解决缺水问题，大幅减少缺水人数	全面推进节水型社会建设，落实最严格水资源管理制度，强化用水需求和用水过程管理，实施水资源消耗总量和强度双控行动。建立万元GDP水耗指标等用水效率评估体系，持续提高各行业的用水效率。到2020年，全国农田灌溉用水有效利用系数提高到0.55以上，实现万元GDP用水量和万元工业增加值用水量分别比2015年下降23%和20%
6.5　到2030年，在各级进行水资源综合管理，包括酌情开展跨境合作	完善流域管理与行政区域管理相结合的水资源管理体制，强化流域综合管理在水治理中的作用
6.6　到2020年，保护和恢复与水有关的生态系统，包括山地、森林、湿地、河流、地下含水层和湖泊	构建国家生态安全框架，保护和恢复与水有关的生态系统，地下水超采问题较严重的地区开展治理行动。到2030年，力争全国水环境质量总体改善，水生态系统功能初步恢复

续表

可持续发展目标 6	中国的落实举措
6.a　到 2030 年，扩大向发展中国家提供的国际合作和能力建设支持，帮助它们开展与水和卫生有关的活动和方案，包括雨水采集、海水淡化、提高用水效率、废水处理、水回收和再利用技术	积极开展水和环境等相关领域的南南合作，帮助其他发展中国家加强资源节约、应对气候变化与绿色低碳发展的能力建设，并提供力所能及的支持与帮助
6.b　支持和加强地方社区参与改进水和环境卫生管理	继续推行用水户全过程参与的工作机制，支持、加强和督促用水户和地方社区参与改进水和环境卫生的管理

注　资料来源于中国政府，《中国落实 2030 年可持续发展议程国别方案》，北京，2016 年。

表 5.11　其他与水相关的可持续发展目标和中国的落实举措

可持续发展目标	中国的落实举措
目标 3：确保健康的生活方式，促进各年龄段人群的福祉	
3.3　到 2030 年，消除艾滋病、结核病、疟疾和被忽视的热带疾病等流行病，抗击肝炎、水传播疾病和其他传染病	到 2020 年，诊断并知晓自身感染艾滋病的感染者和病人比例达 90%以上，符合治疗条件的感染者和病人接受抗病毒治疗比例达 90%以上，接受抗病毒治疗的感染者和病人治疗成功率达 90%以上。 到 2020 年，全国肺结核发病率下降到 58/10 万人，实现消除疟疾目标，乙肝母婴传播阻断成功率达到 95%以上。 到 2030 年，继续维持高水平的乙肝疫苗接种率
目标 8：促进持久、包容性和可持续经济增长，促进充分的生产性就业和人人获得体面工作	
8.4　到 2030 年，逐步改善全球消费和生产的资源使用效率，按照《可持续消费和生产模式方案十年框架》，努力使经济增长和环境退化脱钩，发达国家应在上述工作中做出表率	落实《可持续消费和生产模式方案十年框架》，提高资源利用效率。 到 2020 年，万元 GDP 用水量比 2015 年下降 23%。 在保持经济中高速增长的同时，持续改善环境质量，努力使经济增长与环境退化脱钩

续表

可持续发展目标	中国的落实举措
目标 11：建设包容、安全、有抵御灾害能力和可持续的城市和人类住区	
11.5 到 2030 年，大幅减少包括水灾在内的各种灾害造成的死亡人数和受灾人数，大幅减少上述灾害造成的与全球 GDP 有关的直接经济损失，重点保护穷人和处境脆弱群体	依照《中华人民共和国突发事件应对法》《地质灾害防治条例》《中华人民共和国气象法》《森林防火条例》《中华人民共和国道路交通安全法》等法律法规科学减灾，重点保护受灾弱势群体。 做好防洪工作，大幅减少洪灾造成的死亡人数、受灾人数和经济损失
目标 12：采取可持续的消费和生产模式	
12.2 到 2030 年，实现自然资源的可持续管理和高效利用	控制能源资源消费总量，推动能源资源利用结构优化，大幅提高二次能源资源利用。 加快构建自然资源资产产权制度，建立健全生态环境损害评估和赔偿制度。 大幅提高能源资源利用效率。 全面落实最严格水资源管理制度，到 2030 年，全国用水总量控制在 7000 亿 m^3 以下
目标 13：采取紧急行动应对气候变化及其影响	
13.1 加强各国抵御和适应气候相关的灾害和自然灾害的能力	主动适应气候变化，在农业、林业、水资源等重点领域和城市、沿海、生态脆弱地区形成有效抵御气候变化风险的机制和能力。 逐步完善预测预警和防灾减灾体系，加快实现气象灾害预警信息的全覆盖，全面提高适应气候变化的复原力建设
目标 15：保护、恢复和促进可持续利用陆地生态系统，可持续地管理森林，防治荒漠化，制止和扭转土地退化，遏制生物多样性的丧失	
15.1 到 2020 年，根据国际协议规定的义务，保护、恢复和可持续利用陆地和内陆的淡水生态系统及其服务，特别是森林、湿地、山麓和旱地	保障重要湿地及河口生态水位，保护修复湿地与河湖生态系统。建立湿地保护体系和退化湿地保护修复制度，推进湿地合理利用。推进陆地自然保护区法制体系建设。提高森林等自然资源的保护性利用水平。开展河湖健康评估，保护水生态系统

注 资料来源于中国政府，《中国落实 2030 年可持续发展议程国别方案》，北京，2016 年。

第 6 章

改善水资源管理的驱动因素

5 亿多中国人在生产和出口“中国制造”产品的行业和工厂工作，因此摆脱了贫困。中国是世界第二大经济体，已跻身中上等收入国家行列。中国从 20 世纪 70 年代后期开始实行改革开放政策，从中央计划经济转变为社会主义市场经济。经济的快速增长带来了快速城镇化、自然资源过度开发和环境退化等问题。国内外专家都担心，中国修复自然资源所需的时间可能比破坏自然资源所用的时间更长。

本章探讨了导致水资源短缺、污染、环境恶化和气候变化的宏观社会经济政策和相关趋势，这些政策和趋势也使能源和粮食生产变得复杂。压力来自多个方面。原因和结果相互关联，综合解决方案和管理方式至关重要。某一领域的压力缓解可能意味着另一领域的压力增大。需要加大投资，也需要复杂的规划和管理系统。当今时代，既需要关注数据、管理和技术，也需要关注投资、工程和施工。这样的时代应有成熟的规划和管理系统。

6.1 人口增长和城镇化扩张

6.1.1 人口增长

中国的人口增长速度可能会继续放缓，但总量的高增长将继续。国家水资源评估报告根据新的人口增长政策、2014 年人口年龄结构、出生率、死亡率和人口流动率等因素设定了高、中、低三种人口增长情景。在中速增长情景下，到 2030 年全国人口将达到峰值（约 14.5 亿），然后缓慢下降（见表 6.1）。

表 6.1 2014 年、2020 年和 2030 年中速人口增长情景下的中国人口预测

单位：万人

地区	总人口			城镇人口			城市人口		
	2014 年	2020 年	2030 年	2014 年	2020 年	2030 年	2014 年	2020 年	2030 年
全国	136072	142500	145000	74916	85500	101500	44528	55575	71050
东北地区	10976	11230	11195	6677	7376	8261	4808	5046	5978
华北地区	33696	35101	35921	18360	20813	25238	10798	13222	17655
东南沿海地区	35884	37798	38569	23254	26232	29657	14930	19251	22582
华中地区	23042	24222	24587	11829	13454	16202	5758	7781	10470
西南地区	19578	20680	21012	9005	10875	13581	4742	6043	8665
西北地区	12340	12976	13232	6260	7240	8757	3489	4234	5699

注 中速人口增长情景基于新的人口增长政策以及 2014 年人口年龄结构、出生率、死亡率和人口流动率等其他因素。

人口将主要从中西部地区流动到经济比较发达的东部和东南沿海地区，特别是三大人口吸收区：珠江三角洲、长江三角洲和京津冀地区。图 6.1 反映了中国总人口的变化趋势，包括 1980—2030 年城镇和城市人口的变化趋势。

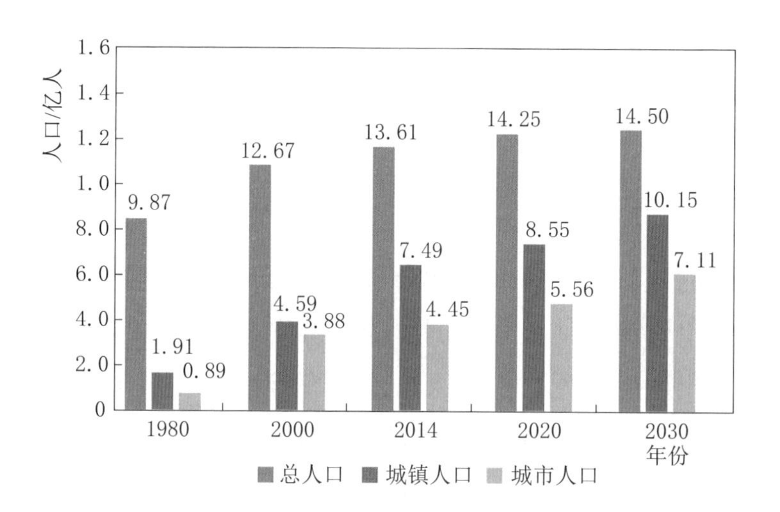

图 6.1　1980—2030 年中速人口增长情景下的人口趋势

注：中速人口增长情景基于新的人口增长政策以及 2014 年人口年龄结构、出生率、死亡率和人口流动率等其他因素。

就各流域而言，中国新增人口的 36%分布在长江三角洲，12%分布在珠江三角洲，18%分布在海河流域。中国北方六大主要流域将增加近 4000 万人口，这样一来，到 2030 年北方地区的总人口将达到 6.03 亿，目前北方地区的人均水资源占有量已经远远低于需求水平，人口的增加将加剧水资源短缺和供水不足的形势。

6.1.2　快速城镇化

自 1995 年以来，随着户籍登记制度（户口制度）逐步放宽，农村人口大量涌入城市，成为城镇化的主力军。户籍制度一定程度上限制了城乡之间人口的流动，使外来人口（特别是农村户口的公民）难以将户籍改为较发达地区或城镇的户口。

2014 年，中国常住人口城镇化率为 54.8%（见图 6.2），户籍人口城镇化率只有36%左右，与发达国家80%的平均水平相去甚远，也远低于人均收入水平与中国相当的发展中国家60%的平均水平。

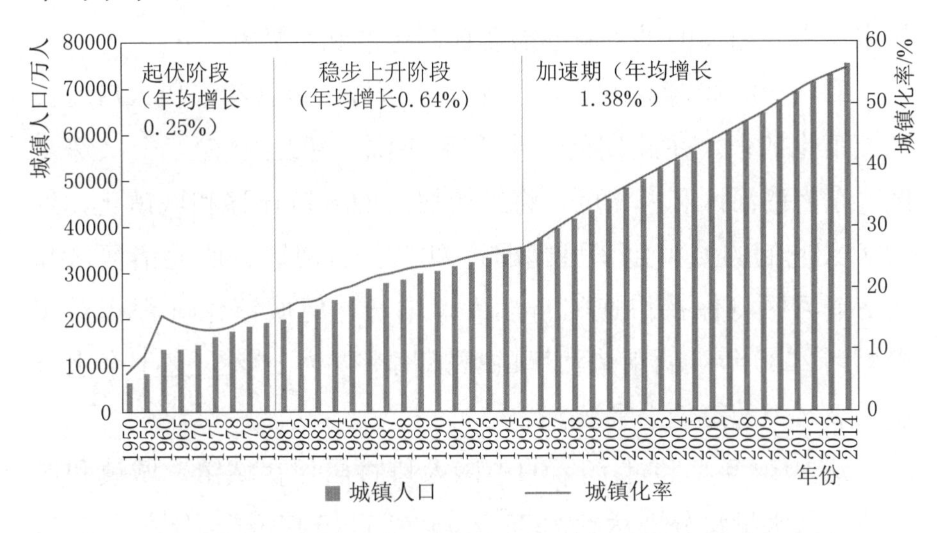

图6.2 1950—2014年中国城镇化进程

注：资料来源于世界银行，国务院发展研究中心。2030年的中国：建设现代、和谐、有创造力的高收入社会［M］．华盛顿特区：世界银行，2013.

根据世界城镇化发展普遍规律，中国的城镇化进程正在加速，城镇化率在30%～70%之间。城镇化将继续快速发展，未来将稳定在70%～80%之间。持续的城镇化将使更多农民得以进城谋取更高收入的工作并享受更好的公共服务，这将推动国内基础消费群体的增长，并带来城镇经济的结构性变化。城镇化的不断扩张和可支配收入的提高也将刺激对城镇基础设施、公共服务设施、住宅建筑和便利服务的投资需求，从而为经济发展注入持续动力。

城镇规划者应该了解并减轻城镇化对水资源带来的风险。越来越多的人口聚集到城镇，必然会增加用水需求，加大用水强度，加重水污染负荷，人为风险和自然风险都会增加，例如，不透水表面的增加可能会加剧城市内涝并加重潜在的财产损失。城镇化对水安全提出了更高的要求，同时带来了远高于农村地区的用水需求，当前的供水服务需要提高标准和可靠性。

2014—2030年期间，中国十个水资源一级区将经历人口增长和城镇化扩张。在此期间，十个水资源一级区中有三个（珠江区、东南诸河区和海河区）将经历快速的人口迁移和城镇化，到2030年它们的城镇化率可能超过70%。黄河区、西北诸河区和西南诸河区将保持快速的自然人口增长，但城镇化进程相对缓慢。到2030年，西南诸河区的城镇化率仅为56%，是十个水资源一级区中的最低水平。

到2030年，超过70%的中国人口将居住在城镇，城镇和城市的总需水量将分别达到2675亿m^3和1125亿m^3，分别比2014年增长32.8%和54.3%（见表6.2）。虽然中国大部分城市拥有稳定的水源（如水库和水源充足的大型河流）作为其供水来源，但未来的城市供水安全在人口增长和城镇化发展的双重压力下将面临严峻挑战。

表6.2 2014年和2030年强化节水情景下各地区城镇和城市需水量

单位：亿m^3

地区	城镇需水		城市需水	
	2014年	2030年	2014年	2030年
全国总数	2016	2678	728	1126
东北地区	128	197	71	109
华北地区	244	401	115	189
东南沿海地区	871	937	221	340

续表

地区	城镇需水		城市需水	
	2014 年	2030 年	2014 年	2030 年
华中地区	449	571	187	279
西南地区	213	346	83	128
西北地区	111	226	51	81

6.2 经济发展

6.2.1 经济发展和经济结构

根据 2010 年可比价计算，2014 年万元 GDP 用水量为 109 m^3。到 2030 年，必须把这个数字减少到 49m^3，才能克服水资源短缺并提高水资源利用率。这将是一个挑战，因为经济总量快速增长必然引起全国用水总量的上升。

为了定量估算中国未来经济的发展规模，国家水资源评估报告基于计量经济模型方法，使用 1990—2014 年的数据，开发了 GDP 生产函数模型，并确定了农业（第一产业）、制造业（第二产业）以及服务业（第三产业）的增加值。在三种经济发展情景（低方案、中方案、高方案）下，估算中国 2020 年和 2030 年不同地区和水资源一级区的 GDP（表 6.3）。

服务业或第三产业的经济前景说明中国经济面临供水困境。中国的服务业发展迅速，其增加值对 GDP 的比例大幅度上升，已经超过第一产业和第二行业、成为国民经济发展的推动力。2014 年，六个经济地理分区的第三产业人均增加值表明，城镇化程度较高的东部发达地区与西部以农村为主的欠发达地区之间存在差异，同时反映了这些地区之间的用水差异（见图 6.3）。

表 6.3　　不同经济增长情景下的 GDP 估计值

地区/水资源一级区		2014 年（基准年）/万亿元	低方案/万亿元		中方案/万亿元		高方案/万亿元		增长率/%		
			2020 年	2030 年	2020 年	2030 年	2020 年	2030 年	低	中	高
全国		63.8	88.1	150.7	91.7	167.5	94.3	180.6	5.4	6.1	6.6
地区	东北地区	6.0	8.1	13.7	8.5	15.2	8.7	16.4	5.3	6.0	6.5
	华北地区	16.6	23.0	39.3	23.9	43.7	24.6	47.1	5.5	6.2	6.7
	东南沿海地区	22.3	30.5	51.3	31.7	57.0	32.6	61.5	5.3	6.0	6.5
	华中地区	8.2	11.4	19.8	11.9	22.0	12.2	23.7	5.7	6.4	6.9
	西南地区	6.1	8.6	15.1	8.9	16.8	9.2	18.1	5.8	6.5	7.0
	西北地区	4.6	6.5	11.5	6.8	12.8	7.0	13.8	5.9	6.6	7.1
水资源一级区	松花江区	2.8	3.8	6.4	4.0	7.1	4.1	7.7	5.3	6.0	6.5
	辽河区	3.3	4.5	7.6	4.7	8.4	4.8	9.1	5.4	6.0	6.5
	海河区	8.1	11.3	19.3	11.7	21.5	12.0	23.2	5.6	6.3	6.8
	黄河区	5.4	7.7	13.7	8.0	15.2	8.2	16.4	6.0	6.7	7.2
	淮河区	8.9	12.2	20.5	12.7	22.8	13.0	24.6	5.4	6.1	6.6
	长江区	20.0	27.7	47.8	28.8	53.2	29.7	57.1	5.5	6.2	6.7
	东南诸河区	5.0	6.8	11.2	7.1	12.5	7.3	13.5	5.2	5.9	6.4
	珠江区	8.4	11.6	19.8	12.0	22.0	12.4	23.8	5.5	6.2	6.7
	西南诸河区	0.5	0.6	1.0	0.7	1.1	0.7	1.2	4.4	5.1	5.6
	西北诸河区	1.4	1.9	3.4	2.0	3.7	2.1	4.0	5.7	6.3	6.8

注　三种情景下 GDP 的估计平均增长率因地区和水资源一级区而异。对于全国总量，分别针对低、中和高三种假设情景，使用了 5.4%、6.1% 和 6.6% 的增长率。

图 6.4 反映了中国经济结构与其他国家差异的比较。中国服务业对经济的贡献率仍然相对较低，占 GDP 的 43%，而高收入国家服

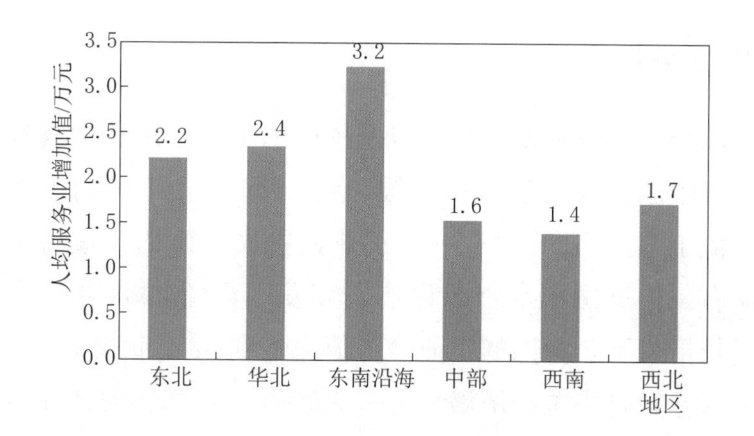

图 6.3 2014 年各地区人均服务业增加值

注：资料来源于世界银行，国务院发展研究中心．2030 年的中国：建设现代、和谐、有创造力的高收入社会［M］．华盛顿特区：世界银行，2013.

务业占 GDP 的比重高达 70%。根据发达国家的社会发展模式，中国可以预计，工业占 GDP 的比重将持续下降，而服务业所占份额将不断增加。随着家庭收入和生活水平的提高，对商品和服务的需求也将增加。服务业的供水保障率很高。逐步增加服务业的比例将改变供水结构和所需的供水总量，给城镇供水带来巨大压力。

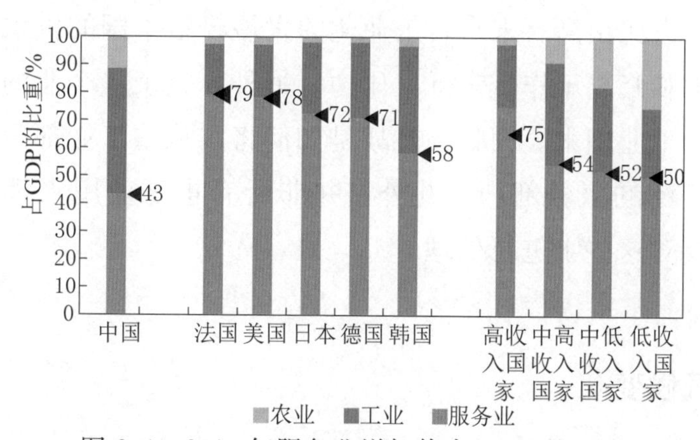

图 6.4 2010 年服务业增加值占 GDP 的比重

注：资料来源于世界银行，国务院发展研究中心．2030 年的中国：建设现代、和谐、有创造力的高收入社会［M］．华盛顿特区：世界银行，2013.

6.2.2 工业化

全球经济和技术发展趋势以及中国的工业发展相关规划都表明，未来中国工业发展速度放缓。到2030年，中国的工业增长率将略低于全国GDP增长率，工业占国民经济的比重将下降至36%左右。根据国家水资源评估研究发现，到2030年，在中速经济增长情景下，中国的工业增加值将达到52万亿元。

地区差异是中国经济增长的一大特点，东部、中部和西部地区的产业发展呈现不同特征。在东部地区，发展速度和趋势与全国平均水平相当。在工业化欠发达的中西部地区，未来工业增长速度更快，对区域经济的贡献将持续上升，而中部地区的增长率将高于东部地区。

国民经济发展的主要任务是提升工业化水平。随着制造业创新能力的提高以及绿色发展，加上信息技术与工业化的结合，中国将在2030年前后完成工业化发展目标。此外，节水技术的发展将推动中国进入工业用水的新时代。工业用水和废水排放在全国总量中占比很高。未来，工业化的发展将给中国的供水以及水资源保护和修复工作带来巨大压力。另外，重工业企业的关闭将大量减少工业用水。面临的挑战是如何将水从重工业部门转移分配到更广泛的服务部门。此外，并非所有重工业用水都是清洁水，需要对这些水进行处理。

6.3 气候变化

在中国，气候变化可能会导致三个与水相关的后果：气温升高、水资源的地理和季节分布发生变化、海平面上升。气温升高可能引发更严重的冰川融化，而冰川融化可能严重影响河川径流和洪水泛滥情况。在未来几十年，全球变暖将持续增加冰川径流，特别是在春季和初夏。

在短期内，气候变化可能有利于干旱地区的灌溉农业，尽管在夏末和秋季径流可能会减少。从长远看，如果大部分冰川融化，水资源短缺可能会重现并成为常态。海平面上升将影响城市和沿海地区。由于地下水超采而面临地面沉降的城市可能会存在水位上升和海水侵入淡水含水层。风暴潮和海平面上升也可能导致沿海地区和低洼地区遭遇大规模洪水泛滥。

灾害风险是包容性和可持续经济社会发展面临的最严重的威胁之一。中国的气候变化情景显示，许多省份遭遇更严重的风暴、洪水和干旱的可能性在加大。2014 年，自然灾害给中国造成的损失高达 5810 亿元，占 GDP 的 1%。中国经历的许多自然灾害都是水旱灾害，与气候变化和环境退化密切相关。

国家水资源评估报告参考了一项特别专题报告，后者涉及中国的涉水灾害风险、减少和管理这些风险的现行政策以及加强中国综合灾害风险管理的机遇。许多水旱灾害风险发生的可能性会随着气温、降水和其他气候变量的变化而增加。植被覆盖的减少加剧了山体滑坡和下游洪水灾害的风险。由于水旱灾害的发生，人员、财产和基础设施易受损害，造成与水有关的风险。人口密度的增加和增长速度的提高加剧了危险地区的脆弱性。

随着气候事件发生频率和强度的增加，受水旱灾害影响的人员和基础设施日益增加。水旱灾害既产生直接后果（如对建筑物、作物和基础设施的损害，以及生命和财产的损失），也产生间接后果（如生产力和生计的损失、投资风险增加、负债以及对人类健康的影响）。在中国，灾害多发地区的持续开发活动加大了遭受这些危害的风险，并使人身和财产安全面临更大的风险，特别是因为气候变化导致天气相关事件发生的频率和强度均有增加。

6.4 能源开发

由于能源开发是现代化的基础和引擎，因此能源供给和安全决定了中国如何才能成功完成其现代化进程。目前，中国的热力发电和核能发电所消耗的用水量约为 478 亿 m^3，占全国工业用水总量的 35%。中国《能源发展战略行动计划（2014—2020 年）》规定，到 2020 年，一次能源总消耗量将控制在 48 亿 t 标准煤的范围内，一次能源总产量将达到 42 亿 t 标准煤，实现 85% 的自给率。此外，石油储产比将提高到 14%～15%。建立应急响应能源储备系统。到 2020 年，非化石能源和天然气在一次能源消费中的比重将分别达到 15%和 10%以上，而煤炭消费比重将控制在 62%以内。

《全国主体功能区规划》确定了五大区域和 17 个主要能源基地，这 17 个能源基地的煤炭、油气资源蕴藏量、一次能源生产能力均占全国总量的 70%以上，向外输出能源占全国跨省区输送量的约 90%。随着中国中东部地区能源资源的逐渐枯竭，中国将能源发展战略转向西部的特点日益明显。然而，在 17 个能源基地中，15 个基地（如鄂尔多斯盆地、山西、新疆等）位于海河、黄河和西北内陆河流域，这些地区存在最严重的缺水问题或生态系统脆弱问题。能源产业布局与水资源和环境的承载能力不匹配，将加剧地区水资源的供需不平衡。

在遥远的未来，煤炭仍将主导中国的能源生产和消费结构。

目前有13个大型煤炭基地正在建设中，其中8个位于缺水地区。同时，中国的内陆石油和天然气生产基地大多位于中国西北和华北等干旱和半干旱地区。石油和天然气资源的开采以及重化工业的发展将给当地水资源带来巨大压力。

电力作为重要的能源产业，是国家经济社会发展的重要条件。自1949年以来，随着经济的快速增长，中国对电力发展的需求急剧增加。1949年年底，中国的发电总装机容量仅为1850MW，年发电量为43亿kW·h。到2008年，中国的发电装机容量增加到792530MW，年发电量增加到34268亿kW·h。

电力工业是能源行业的主要用水户，其用水量占能源行业用水总量的80%以上。电力生产耗费的水资源量远远超过石油勘探和采煤过程的用水量。未来，火电仍将是电力生产的主要来源。即使工业用水总量减少，能源基地建设和能源行业（特别是电力部门）的发展将进一步加剧能源基地的供水安全形势，增加能源行业的用水量。

6.5 乡村发展

中国的农业和乡村发展环境正在发生重大变化。一方面，随着新型城镇化的加速和城乡居民消费结构的升级，农村各项改革已全面启动，为农村和农业现代化创造了持续的动力；另一方面，必须在“新常态”经济发展的背景下完成历史任务，即，帮助农民稳步或快速增加收入，从而缩小城乡差距并确保按计划全面实现小康社会。

农业是“全面建成小康社会”、实现现代化的基础。改善各地区农村居民点和农田灌排条件，提升城乡水服务均等化，提高农村和农业应对极端灾害事件的能力，都要靠水利工程建设。中国应继续大力推进高端农业和水利工程建设，解决扶贫工作中的难点，优化农业生产结构和区域布局，促进加快培养新型专业农民，提高村一级公共服务水平，加强农业生态保护和修复。

6.6 生产压力：水-粮食-能源联系

人们将日益切身体会到水资源短缺、污染和气候变化的影响：从食品安全和价格是否负担得起，到家中的暖气和空调费用，到水旱灾害造成的损失，再到恶劣水质引起的严重疾病，不一而足。

水资源是粮食生产和能源生产行业的争夺热点。污染造成的250亿m^3水资源短缺导致700万hm^2农田得不到灌溉；另有2000万hm^2土地缺水。

为国家水资源评估编制的有关水-粮食-能源联系的专题报告将农业困境归因于水资源有限、水环境恶化以及快速城镇化和工业化。由于气候变化，降雨态势不稳定，地下水回补率进一步降低，土壤水分更加匮乏，水旱灾害更加频繁和更加严重。与此同时，新兴中等收入阶层不断变化的生活方式提高了对食品的需求，特别是对乳制品和肉类等用水密集型产品的需求。

如果不能以综合方式对水-粮食-能源安全联系进行妥善管理，那么能源部门不可持续的用水方式可能严重损害水系统，这将对中国整个经济，尤其是对中国西部地区的经济社会发展产生巨大的负面影响。西部地区富含煤炭资源，但已面临严重的水资源压力。中国的资本密集、行业主导、能源和资源密集型增长战略同样不可持续。煤炭主导的能源行业导致严重的水污染和可用水资源的减少。

中国水资源的供需变化凸显了水资源对社会发展和经济增长进程的重要性。中国是否有能力为生活、农业、工业和环境提供更多可用水资源将取决于政府能否开展部门改革、能否改进战略制定和规划工作，包括更好地管理和分配水资源、增加跨部门规划、恢复水生态服务、深入改革水权和水价体系、创建水服务市场。

6.7 贫困：累积的因果效应

中国有 14 个集中连片贫困地区，占国土地面积的近 1/5。2014 年，这些贫困地区的城镇化率仅为 24%，远低于 55%的全国平均水平。这些地区的贫困率平均达到 35%，约有 8000 万贫困人口。2014 年，贫困地区经济产值占全国 GDP 的 1/10；人均 GDP 占全国平均水平的 37%；人均收入是全国平均水平的 1/10。农业是贫困地区主要的经济来源，为全国提供 28%左右的粮食供给。

贫困地区的供水服务水平相对较低。人均供水量为全国平均水平的 75%，人均农村居民用水量为全国平均水平的 60%，耕地平均灌溉率比全国平均水平低 10%。与其他较发达地区相比，贫困地区的防洪标准相当低。

中国贫困地区的分布与水资源禀赋条件高度相关，贫困地区在水利基础设施建设方面远远落后于经济发达地区。贫困地区的水利基础设施无法防洪或确保供水和灌溉；公共供水服务水平和覆盖率远低于全国平均水平；而且水资源的调配能力太低，无法实现水资源有效供给。超出资源和环境承载能力的不合理开发利用导致一些地区的生态严重退化。因此，在中国的 14 个贫困地区发展水利基础设施对于实现全面建成小康社会的愿景至关重要。

第 7 章

水资源管理的战略框架

国家水资源评估的目的是提出一套旨在提升中国总体水安全的战略。中国政府向来视水安全为国家安全的一个关键维度。近来诸多国家政策都对水资源的管理、保护和可持续利用提出了更高期望。“十三五”规划明确中国致力于减缓水风险，尤其是水污染、可用水资源和生态退化等问题。

本章将水资源状况和水安全评估相联系，并将其转化为具体行动，以实现中国水资源发展目标。

战略框架以威胁经济社会可持续发展的五大问题为基础，这五大问题反映了政策差距和能力水平，具体如下。

（1）水资源短缺。其原因包括：自然水资源匮乏、需求不可持续或储水基础设施缺位。

（2）水污染。主要是工农业污染源造成的水污染。

（3）水生态退化。其原因包括：缺少政策和体制协调，未能监测、处理（可能带有惩罚性质）和纠正湖泊和湿地内的过度开发、污染和基础设施过度建设等问题，导致湖泊和湿地等重要资源连通性不足。

（4）水治理有待加强。主要表现为水资源立法效率不高、现行法律法规执行不力、公众参与水事有限、市场和经济手段运用不足。

（5）水旱灾害严峻。其原因包括气候变化、水土流失和其他生态退化问题、供求失衡以及城市排水不畅。

评估这些问题及其原因，依据的是它们对水安全五个关键维度分别产生的影响。应将水安全状况视作衡量国家发展潜力的一项指标，改善水安全状况需要自上而下、自下而上以及经济政策与生态环境政策之间的全面协调，而可用水资源是这两方面政策的一个主要决定因素。

7.1 水资源发展目标

根据中国的水资源现状、水安全目标以及法律和政策因素，制定了水资源发展的五项目标，在实现预期结果前，每一项目标均涉及对相关政策和实践的重新定位。

目标一：大力发展绿色经济。随着经济政策和发展投资将水资源的可持续利用视为底线，低碳经济已经转型为具有环境可行性的可持续经济。这将需要耐心和战略眼光，以逐步实现水资源的高效可持续利用和重复利用。必须掌握和充分认识各水体承载污染负荷和取水率的能力，将经济战略与相关自然限制挂钩。

目标二：建设现代水资源系统。尊重水资源的局限性，开发和管理水资源系统，以保障总体水安全。

目标三：推进水服务。水质要达到国际标准，所有用户供水得以保障，包括城乡、生活、工业和农业用水。

目标四：修复水生态系统。通过恢复、保护和可持续使用，对水生态系统为当地经济和国民经济、人类健康和环境完整性提供的生态服务进行估值和投资。

目标五：采用现代化治理和管理手段，使法律和体制框架、服务提供者和相关人力资源拥有充分的信息和整体能力来管理水资源面临的各种风险。

为实现以上五大目标，制定了改善水资源管理的八大战略，以支持经济发展，同时确保政策和发展（尤其是城镇化）与水资源和环境的承载能力相协调。这八项战略涉及发展观和资源观的重大理念转变，并需要有重大政治决心来遏制不可持续的社会发展、经济增长和城镇化模式。

7.2 改善水资源管理的战略

根据第 4 章讨论的政策方向、第 5 章描述的问题和第 6 章研究的发展驱动因素，受到国家水资源评估报告调整相关指数以确定中国水安全等级的启发，提出八项改善水资源管理的战略及若干建议。

7.2.1 人水和谐共生战略

可以通过以下措施促进人类活动与水资源之间的和谐共处。

（1）使经济、规划和发展投资与当地生态能力相协调。这是发展绿色经济的基础。以下一系列建议将促进各地将其经济目标与生态环境限制条件挂钩。这些建议对计划新建的城市和处于经济转型阶段的城市尤其实用。

（2）建立水资源承载能力监测预警系统。水资源利用、污染排放和未来发展（不排除城镇化和工业化发展）都应在水资源（包括地下水）和环境的可用量和限度范围内进行。应当根据当地水资源可用量和环境载荷能力确定县级水资源承载能力。应确定每个县的临界超载区。开发预警系统，以便在水资源和环境可能达到承载限度时向监测和执法机构发出信号，预警系统将提醒各机构启动需求管理和污染控制措施。

（3）优化经济社会发展布局。理解土地和水资源的关系，二者休戚与共。规划工作关系到经济活动和支持经济活动的自然资源的可持续性。

（4）根据土地承载能力进行规划。土地开发必须以水资源和环境承载能力为基础。规划模式必须基于对水资源、环境和土地承载能力的科学认识，以便识别风险和有效利用资源。土地资源有效利用的措施需要与区域土地资源评价结果相结合。专栏7.1列出了有关土地承载能力的一些典型因素。

专栏7.1

土地承载能力建议要素

1. 绿地覆盖率：35%
2. 森林覆盖率：12%，不包括绿地
3. 大城市人均建筑面积：大于等于 $80m^2$
4. 中小城市人均建筑面积：大于等于 $100m^2$
5. 人均绿地面积：$10m^2$
6. 人均水资源：$1000m^3$
7. 缺水地区人均水资源：大于等于 $500m^3$

8. 城市居民人均可用水量：40～45m^3

9. 缺水地区城市居民人均可用水量：35～40m^3

10. 城市非居民/商业人均可用水量：30～35m^3

11. 缺水地区城市非居民/商业人均可用水量：25～30m^3

12. 工业用水循环利用率：90%～95%

13. 生态需水量：人均1～2m^3

14. 电力需求应计入

15. 能源需求应计入

16. 提高全市各区水污染治理能力和污水处理覆盖率

17. 应将工业废弃物和废水与生活污染源结合，进行全面综合处理

18. 二级空气污染每月不超过2天

（5）优化经济开发区和城市布局。为了避免对水资源承载能力有限地区的过度开发，应选择有利于增长质量和效率且不损害环境完整性的发展模式。不应在承载生态功能的将定地区进行大规模、高水平的工业化和城镇化。

（6）限制土地使用。土地利用和布局应将水资源承载能力作为关键制约因素加以考虑。城市应该变得更加紧凑。工业园区应优先发展单位土地产出大、能耗低、污染排放低的产业。应为每类产业制定楼宇密度和建筑面积占比的最低标准。国家政策已经确定土地空间开发必须遵守的土地使用目标（见表7.1）。

（7）推动建设紧凑型城市。建议城市核心推动建设混合利用土地的低碳交通枢纽，新的规划应充分考虑现有的道路、场地、当地文化和法规等。

表 7.1 《全国主体功能区规划》土地利用目标

指标	2008 年	2020 年
开发强度/%	3.5	3.9
城镇空间/万 km^2	8.21	10.65
农村住宅面积/万 km^2	16.53	16.00
耕地面积/万 km^2	121.72	120.33
森林面积/万 km^2	303.78	312.00
森林覆盖率/%	20.4	23.0

注 资料来源于《全国主体功能区规划》。

(8) 继续调整经济结构。在水资源短缺、生态系统脆弱和水资源消耗率高的地方，应当调整经济结构。这意味着减少煤炭开采、钢铁生产、石化生产、水泥厂、住房工业、造纸厂等耗水较多、经济产出较低、污染排放较高的产业。需要以创新增值型技术产业和第三产业（服务业）取代中国经济过度依赖大量消耗自然资源的出口和相关产业。

(9) 加强以流域为基础的规划工作。一个流域或小流域就是一个综合的社会、经济和生态系统。河流走廊吸收人类活动影响的能力有限。每一个流域都需要进行综合规划，以确保土地利用、供水、污染控制、减灾、工业化和城镇化等领域的可持续、整体和互利发展。城镇工业和经济区可能需要必要的搬迁，以便恢复和保护当地的水资源和生态条件。

7.2.2 高效用水战略

应鼓励和支持高效用水，特别是在农业、城镇和商业地区的工业节水措施方面。

(1) 农业节水。在中国可以通过以下途径提高农业用水效率。

1）合理利用水资源。合理分配地表水和地下水，充分利用自然降水。对于使用运河灌溉的地区，工程系统应统筹考虑蓄水、引水和提水。对于采用井灌的地区，应实行地表水和地下水的联合利用。在缺乏常规灌溉条件的地区，应利用当地的水窖和池塘储存降水，发展非常规水源节水灌溉。

2）使用节水灌溉系统。应采用相关技术，监测、发现和控制管道渗漏。利用喷灌和微灌技术提高农田灌溉水有效利用系数，采用水井灌溉的地区、缺水地区、经济作物种植区和大规模农业开发地区尤其应该采用节水灌溉技术。

3）采用农业节水技术。选择和推广利用自然降水的优质、抗旱、高产作物品种。在容易发生干旱或水土流失的地区，采用保护性耕作技术。

4）加强农业管理。因地制宜地调整种植模式，发展新型农业，以减少用水和土壤侵蚀，保持土壤水分。

（2）城镇和商业节水。在城镇和商业地区，可以通过一些方法来推广节水措施。

1）支持针对用水装置实施用水效率标准规范。所有中国制造、进口和销售的用水装置，如厕所、淋浴器、洗碗机、洗衣机和水龙头等，都应符合严格的用水和能源效率标准。

2）鼓励居民节约用水。政府可以资助安装节水设备（如小容积厕所、低流量淋浴喷头、节水洗碗机和洗衣机、水龙头起泡器），开展教育宣传活动以引导公众采取节水方法并推行节水行动。

3）推广商业和公共节约用水。水资源保护专家应实地考察和检查企业，开展商业用水和工业用水审计，以确定节水机会。

此外，可采用激励机制，鼓励企业采取节水措施。

4）采用漏水控制方案。水务公司应该系统地进行漏水检测和维修，并减少供水系统中不必要的高压区域。其他节水方法包括改进对破裂和泄漏的响应时间、改进流量计量、跟踪供水系统损失，以便水务公司充分了解其问题的严重程度。

5）改革节水费率。应改革水费，以收回供水服务的全部成本，同时向所有用户提供适当的价格信息以鼓励合理用水。低收入家庭应能够继续用得起水，对符合条件的用户实行阶梯定价、水费打折或免收水费。

（3）工业节水。通过产业转移和结构调整战略，促进产业节水。

1）优化空间布局。高耗水企业应当集中在工业园区，鼓励与其他行业实行串联式水循环安排。西北和华北地区新建的发电厂应优先利用非常规水资源，采用空气冷却技术。循环利用水资源的企业、城镇污水处理厂和循环水企业应当比邻而建。

2）推进结构调整。在水资源过度开发地区，应调整产业结构，限制或禁止高耗水产业。促进发展使用节水环保技术的新型技术企业。加快发展科技、高端制造业、现代服务业等低耗水、低排放产业。

3）推进节水改造。对用水密集型产业，应当实行强制性节水措施和标准。鼓励各行各业在水资源利用上进行创新，寻求先进节水技术高科技解决方案。加强污水处理和循环利用。但必须清楚划分再生水和经过处理的污水的不同质量及其适用范围。水质要求较低的行业或其他部门应加强对经过处理的污水进行再次利用。

4）鼓励使用节水管理服务。鼓励提供专业节水服务的企业对企业用水情况进行审计，以指导各行各业的节水措施制定和技术创新。

5）建立和推广节水领跑者制度。为促进节约用水，应公布《产品用水标准目录》，指导企业使用节水产品和设备。应宣传并公开奖励引领杰出节水创新和措施的企业。

7.2.3 水利基础设施网络提升战略

为促进节约用水和提高用水效率，应完善防洪抗旱、城乡供水、污水处理等水利基础设施网络。

（1）防洪抗旱基础设施。加强防洪基础设施建设，对增强水旱灾害防治具有重要意义。

1）加快主要江河控制性工程建设。为防范洪灾风险，必须加强加快大江大河的防洪减灾体系建设。特别是加强对长江上中下游水情的控制，并加强蓄滞洪区建设。

2）解决主要支流和中小河流防洪体系的薄弱环节。应加强对主要江河支流以及独流入海河流的控制，提高洪水风险防范水平。推进大江大河主要支流（如汉江、赣江等）和中小河流治理，特别是横贯县市的河流。完善山洪灾害防治措施体系。

3）建立全国防洪抗旱指挥系统。加强水旱风险控制和灾害风险减缓工作，建设覆盖全国重要地级市和重点县的异地视频网络。防洪抗旱系统应覆盖所有重点水库和水电站。此外，应建立水库流量管理系统以提高防洪抗旱能力。

（2）供水来源。以下是优化供水网络的一些方法。

1）开发新的供水水源和配水工程。发展新的水资源配置项目，提高城镇、城市和粮食主产区的水安全保障能力。

2）提高河湖水系和水利工程的连通程度。河流、湖泊和水库的连通将极大地改善水体的污染治理和环境保护并增强供水的弹性。

3）鼓励非常规水利用。为解决水资源紧张地区的缺水问题，应加快发展非常规水，例如雨水收集、滞洪、海水或微咸水淡化以及已处理废污水的回收再利用。此外，应在所有严重缺水的城市和地区推广和实施海绵城市解决方案。

4）开发应急水源。需开发抗旱水源，缓解干旱风险。在供水来源单一或应急供水能力较低的地区，应推进大中型水库和引水工程建设，制定抗旱救灾方案。

（3）城镇供水设施。鉴于城镇地区的持续扩张，有必要在以下领域加强城镇水利基础设施建设。

1）加强城镇水源和供水网络建设。需在城镇地区建设可靠性高、调节能力强的供水水源，建立多水源供水系统。应加强应急和储备水源建设，恢复地下水的应急储备功能。通过开发替代水源，提高地级及以上单一水源城市的供水保障能力。在地下水超采或以水生态退化湖泊作为水源的城市，也应开发替代水源。

2）加强防洪排涝工作。防洪、排涝工程建设要加快步伐，协调好防洪、城市排水、城镇建设、环境治理、生态保护与恢复、城镇水文化等方面的要求。这么做也有助于加快污水和雨水分离收集系统的网络建设。此外，应完善城市气象水文信息监测预警系统建设，以提高洪水风险控制应急响应能力。

3）推广海绵城市解决方案。在雨水汇入城市雨水管网之前，增加雨水的就地吸收，降低城市污水径流污染。需要开发技术解决方案，提高城市土地的吸水和蓄水能力。必须恢复城市地区原有河流、湖泊、洼地和湿地等自然水系的汇流，以恢复城市的水生态系统。

4）优化城镇和工业用水系统。在人口密集地区，应将工业区限制在中心城区以外、城镇以内，以便推进工业用水与生活污水循环再利用。

（4）农村水利基础设施。加强农村水利基础设施建设，可重点发展高效节水灌溉系统、提高农村饮用水质量。

1）发展节水灌溉系统。为节约灌溉用水，可在大中型灌区建设高效节水灌溉工程。重点改造和升级现有灌区。促进粮食主产区以及水资源过度开发区和生态环境脆弱地区向节水灌区转型。

2）合理开发新灌区。为提升中国农业生产能力，保障粮食安全，应在东北平原、长江中上游和其他水土资源较好的地区开发新的大型灌区，并广泛采用与生态保护和恢复相适应的先进节水技术。

3）提高农村饮用水质量和用水效率。加强农村公共供水系统建设，提供质量有保障的安全饮用水。在具备条件的地区，应将城镇和农村供水结合起来，通过连接主要城镇与周边地区供水系统，或促进从大城市到农村的输水管道连续，可以实现这个目标。此外，应该加强对农村地区饮用水水源的保护。

（5）生活污水处理服务。在基础设施开发层面，应优先考虑对生活污水处理服务的投资并侧重对水体环境质量改善有显著影响的项目。在城镇加强工业和生活污染控制的具体措施包括：

1）逐步取消污水和雨水合流的收集系统的使用。

2）最大限度地增加清洁雨水直接渗入地下的可能性。

3）在设有集中式污水处理厂的城镇，扩大下水道系统的覆盖范围，以确保所有相关城镇居民均能利用城镇下水道和集中式污水处理厂。

4）将下水道系统扩展至周边工业区，确保所有污染企业的工业废污水经预处理后，均由所在城市的集中式污水处理厂进行处理。

5）集中式污水处理厂应具备污泥处理设施和能力开发此类设施。

6）对集中式污水处理厂外排入河水质实施持续监测，并向主管部门报告。

7.2.4 水基本公共服务提升战略

提升水基本公共服务重点目标包括改善城镇供水、农村供水和生活污水处理服务。

（1）城镇供水。改善城镇地区的供水服务需要做到以下几点。

1）协调供水和废污水管理系统并对二者进行长期规划，以确保系统的可持续性。

2）提高水务公司可持续运行和维护相关设施的技术能力。

3）调动资金支持必要的系统升级以匹配人口增长速度，帮助低收入家庭接入供水网络。

4）扩大城市和县城的自来水供给范围。

5）通过开发替代水源，提高城市供水的可靠性。

6）为城市供水系统制定水安全规划，保证从水源到水龙头的全过程水安全。

（2）农村供水。随着中国人口的增长，到 2030 年，安全、质量有保障的农村供水服务必须覆盖 70%的农村人口。最重要的是，必须避免将受污染水体作为水源；确保水处理厂对自来水进行充分消毒；确保有储水容器可用；建立运行维护以及水质监控的管理结构。应当特别关注地质条件导致水源中砷或氟含量较高地区的农村人口，应采用反渗透等先进水处理技术为其提供安全饮用水。

（3）生活污水处理服务。改善生活污水处理服务包括完善政策体系和加快技术创新，以提高城镇和农村人口接入下水道和污水处理设施的比例。通过制定适用于服务地区人口构成的水价政策，对污水管理服务实行全成本定价（包括生活污水收集和处理设施以及污泥处理和处置设施的运营、维护和再投资）。

7.2.5 清洁水行动战略

水质良好的江河湖泊是修复和恢复地表水水生态的重要前提。

（1）工业污染防治。为了加强工业污染防治，建议对超过规定生产排放和污水排放水平的污染地点实施更严格的综合水资源许可证制度（取水许可加排污许可）。此外，应对处理危险有害物质的工业场所实行更高水平的准入制度和管制。建议采取以下方法开展工业污染防治。

1）最大限度地利用相关机会，持续改进有利于清洁生产的工艺。

2）通过加强水污染防治和执法，营造水污染防治产业文化，并建立激励机制，鼓励发展清洁生产技术。

3）实施源头污染物分类收集，在现场尽量将污染物分离，并在后续处理和排放前最大限度实施资源回收和再利用。

4）对工业废水进行系统的、全面的现场预处理，消除有毒物质。

5）将污水处理系统扩展至周边工业区，确保污染企业的所有工业污水在预处理后接入市政集中式污水处理厂进行处理，使工业废水最大限度地排入市政污水系统，促进污水与工业废水的联合集中处理。

6）禁止将未经处理的工业废水直接排入水体。

7）按照加强版综合水资源许可制度的相关规定，对外排入河的废污水和主要污染物进行持续监测，并向主管部门报告。

8）执行“谁污染谁付费原则”，强制污染者支付水污染防治的全部成本。

（2）生活污染防治。在城镇加强生活污染控制的措施如下。

1）将集中式生活污水处理厂纳入加强版综合水资源综合许可证制度。

2）通过制定与服务地区人口结构相适应的收费标准，引入污水管理服务全面成本定价机制。

3）加强排污费的核算和征收，并将排污费与实际污染负荷和污染物入河量挂钩。

4）将所有现有住户接入下水道系统，并在下水道竣工并接入集中式污水处理厂后，尽快征收排污费，以扩大已建立污水处理厂城镇下水道系统的覆盖范围，从而确保城镇下水道和集中式污水处理厂覆盖所有相关城镇人口。

5）在绿地和未硬化的城市建成区，如公园、公共通道、公共草坪、公共湿地以及半渗透停车场和其他绿色区域，最大限度地确保干净雨水直接渗入地面。

6）逐步取消对雨污合流的下水道系统。

7）在设施尚不完善的集中式污水处理厂加快建设污泥处理

设施。

8）持续监测向受纳水体排放的经过处理的污水水质情况，并向主管部门报告。

（3）面源污染控制。面源主要包括使用农药肥料导致的农田径流、动物粪便、农村生活垃圾、城镇径流以及水土流失。

1）处理农药化肥和动物粪便造成的污染。明确易受严重面源污染影响的脆弱农业地区，并为每个地区制定逐步减轻面源污染的行动计划和目标。对于这些脆弱地区，应制定监测计划，跟踪污染的蔓延情况并逐步改善趋势。应当限制农药化肥的使用，建立良好的农业实践规范，并培训农民如何使用这些规范。对于分散型养殖场，需要制定并向农民推广粪便厌氧污泥消化和水体残留废水安全处理的技术指南。同时，还应制定牧场粪便安全收集、稳定、处理和处置的标准技术解决方案，以避免残留污染释放到水体中。对于较大的农场，应推广使用粪肥消化器，并回收沼气用于发电和供热。

2）解决农村生活污水和垃圾污染问题。应为农村地区建立污水收集排放系统和经济可行的污水处理措施（如从水体沿岸较大村庄着手，建立人工湿地系统）。完善农村固体废弃物的收集、处理和处置措施体系，特别要避免在河岸设置固体废弃物倾倒场。

3）解决城镇径流污染问题。需要逐步解决城镇径流直排入河问题。雨水应该得到收集和储存，然后逐步排放到附近的污水处理厂。

4）处理水土流失造成的污染。因地制宜实施水土流失防治措施，推广防治水土流失的良好实践，例如在农田边缘种植植物缓冲带作为生物屏障，防止水土流失和养分淋溶。

（4）污水处理和再利用。对于经过处理的污水回收和循环再利用，应通过制定标准加以规范，确保再生水安全使用。还必须确定经过处理的污水回收和使用的环境和健康标准和指导方针。在工业领域，应促进和鼓励将处理后的废水作为冷却水、锅炉给水和加工水进行内部工业再利用。在集中式污水处理厂附近水资源紧张的城镇地区，应开发用于非人体直接接触用水（如工业用水、冲厕所用水、花园和景观用水以及农业灌溉用水）的配水系统，尽可能利用好经过处理的污水。在农业领域，使用经过处理的污水进行农业灌溉，提高作物灌溉能力。到2030年，城镇和农村污水处理率将分别达到93%和50%。

7.2.6 水生态文明建设战略

水生态修复的总体目标是确保涉及水生和半水生生物多样性的生态系统具有健康生态功能。建议采取的战略主要涉及保护自然水生生境及其生物多样性并修复退化的水生态系统。

（1）流域控制和管理。流域控制和管理对保护水生态系统至关重要。

1）防治水土流失和泥沙淤积。在农业、林业和流域基础设施建设中，应当采用生态友好的土地利用方式，避免水土流失造成泥沙淤积、失去蓄水或河道流动能力、破坏作为重要进食地点和产卵地的底栖生物生境。在东北黑土地区、黄土高原、西南紫色土地区等水土流失严重的地区，应进行水土流失综合防治。

2）退还土地。应通过退耕还湿地等措施改造开垦土地。应采取生态改造措施，恢复关键的海岸线、河岸和沿岸地区，从而实现水陆生态功能以及地表水和地下水的潜流功能。在水资源开发利用过度的地区、或在脆弱但重要的水生态系统受到威胁的地区、或在对改善水质要求很高的地区，应优先退还土地。

3）加强地下水回补。道路、停车场等应使用透水建筑材料；为防止水土流失，必须对开阔地带和坡地进行绿化。更重要的是，应促进地下水的补给（用于低渗功能）和水质净化。应确立地下水回补的标准和区域范围，以维持浅层含水层，并防止沿海地区的地面沉降和海水入侵。实施有效的地下水超采控制措施也是加强地下水回补的一个关键方面。

4）实施异地污染控制。严格执行水污染防治和水资源管理的红线，特别是水功能区限制纳污红线，以便在流域层面上进行战略规划，促进水生态系统向自然状态恢复。

5）制定禁止区、限制区的负面清单。对于生态环境领域的不同区域，制定禁止或限制区域、场所、活动、物质或行为的全面详尽的生态准则和负面清单，对于切实、准确地指导经营者尽量减少造成负面影响的行动非常有用。为促进保护和修复水生态系统，应提倡使用详尽的清单，精确界定禁止、限制或必要行动的界限。

6）促进流域和小流域一体化。通过推广流域综合规划和管理土地使用情况来防治水土流失和泥沙淤积并控制污染排放。此外，还应建立海岸线或河岸和沿岸走廊，以缓冲人类活动的影响，从而使水生哺乳动物和鸟类得到活动空间，应对气候变化影响。

（2）水生态功能、抵御能力和保护。水生态空间主要有四种类型：水体、饮用水水源保护区、洪泛区和滞洪区、水土流失防治区。这些水生态空间是保护生态环境、保护水生生物多样性和控制水生态系统风险的重要敏感区域。为确保水安全，需要通过以下步骤来维护和改善这些水生态空间的生态功能：

1）划定水生态空间。在充分考虑防洪、水土保持、清洁饮用水供应等区域特点和功能的前提下，根据国家主体功能区划、水源保护区、区域水土保持区，划分水生态空间。针对区划的变更发布严格的规定和控制措施。

2）建立管理机制。制定和完善保护和修复的具体规则和标准。考虑到对水生态空间的保护（特别是对滞洪区、水土流失防治区的保护）产生公共福利效益，投资将主要来自政府，企业、民间组织和其他方面将提供配套投资。同时，应建立市场激励机制和利益相关方参与机制，加强对各种管理措施的全流程监督，确保保护的有效性。

3）恢复水生态空间。必须通过制定和实施退耕还河、还湖、还湿地等项目，逐步恢复水生态空间，应制定含有明确补偿标准和方法的政策，修复受保护的水生态系统。此外，还应拟订一份负面清单，列示可能侵犯指定保护区保护工作的活动。

4）恢复水生物种。通过退耕还河、还湖、还湿地恢复河流、湿地和湖泊保护区的水生物种、评估其居住和栖息的性质和面积及其历史适应性和能力。应制定明确的补偿标准和方法，恢复受保护的水生态系统。

（3）生态流量和水生态系统的连通性。保障生态流量的关键措施包括在整个流域节水以及通过水坝和水闸调配水资源等。至关重要的是确定水生态系统关键生境和生物群的水量需求，特别是在旱季的需求；同时必须增加生态流量，以修复水生态系统，特别是在生态问题严重的地区。通过以上措施加强河流和湖泊的连通性，将自然连通和人工连通相结合，在重要的城镇化地区特别需要加强河湖连通性。需要结合水生态系统的损失，对水坝和屏障的运行情况进行分析评估；同时应拆除屏障，促进生态连通，提供生态服务。

1）控制对生态系统的滥用。实施水利工程并采取纠正措施，以加强生态服务，控制水产养殖和航运造成的水污染，减少渔业装置对生态环境的破坏，控制入侵物种进入，防止栖息地破碎化。

2）恢复生态栖息地。应开展战略规划，在确保水体滥用情况得到控制之后，恢复流动和静止水域以及湿地的水生生境。改善地貌（如河槽和池塘水道、底栖和沿岸生境、弯道和洪泛区）、湿地、河岸及沿岸边缘和走廊、地下水的潜流功能等，有助于恢复水生态系统。这将要求从受保护的类似自然水体中获得关键生物群并加以培养，以便在退化地区引进。

3）评估河流生态系统健康状况。应以流域为单位进行全国水生态系统调查，评估其健康状况。评估将包括生物类型、关键生物量丰度和分布、水污染、生态流量、水和土地资源开发以及水域保护和恢复。定期向公众发布河流生态系统健康状况评估报告，特别是针对海河、淮河、长江等重点河流发布评估报告。

4）制定生态修复标准。鉴于水生态系统退化的严峻现状以及重金属污染、富营养化、生态流量保障不足和水域沿岸开垦等问题，应制定全面严格的生态修复标准和准则。鉴于中国各地的水生态特征千差万别，因地制宜地调整生态修复标准和准则同样重要，特别是在东北寒冷地区、西北半干旱地区。

5）修复退化的水生态系统。优先修复生态脆弱河流，优先修复过度开发的水生态系统和沿岸地带，优先修复过度污染的水体，重点修复东北和华北、长江中下游、西南高原湖泊的水生态系统。需要采取工程和非工程措施，针对这些河流制定循序渐进的合理修复计划。应通过试点和示范项目进行退化河流的修复，并进行推广。

7.2.7 现代水治理战略

水治理的现代化对促进水资源和水服务的有效管理、保护和可持续发展至关重要。

（1）完善与水有关的法律法规。中国迫切需要加强法律法规在日常水管理和水质保护监督中的作用。

1）审查与水相关的法律。水治理的新标准要求实现整合，要求主管部门和运营商加大问责，要求提高透明度和公众对水决策的参与，要求更多地利用市场和经济手段对用水行为进行有效管理。因此，有必要在国家层面对《中华人民共和国水法》《中华人民共和国水污染防治法》《中华人民共和国防洪法》和其他与水相关的法律进行审查和修订，使之符合这些治理要求。除了修订现有法律法规，还需要在水源保护、地下水管理、节水、水权与水交易、河流走廊控制与保护等方面出台和实施一些补充法规。

2）明确制定并严格执行用水和排污限制。修订后的法律法规应明确要求制定需禁止行为或物质的详细清单，并要求所有人严格执行，还应推出需要运营商和主管部门采取特别监管行动的限制行为或物质清单，如需要登记、报告和监测水资源的使用和污染物入河量。尤其重要的是，要加大处罚力度，有效阻止运营商选择错误做法，促进遵守管理用水和排污的相关规定。

（2）体制改革。鉴于水资源对于持续促进中国的经济社会发展至关重要，也鉴于综合管理水资源的必要性，应加强涉水行业主管部门的整合和协调。

1）成立国家水安全领导委员会。该委员会由副总理领导，可以作为一个独立的新委员会成立，体现中国政府给予国家水安全问题的全面、高度重视。

2）加强水资源综合管理。中国应加强两个方面的水资源综合管理，即，流域综合管理和城镇水务综合管理。应在每个流域设立流域综合管理委员会，成员包括所有重要的水资源利益相关方（行政部门、人类居住区、工业、农业等），该委员会将接管直接分配水资源的过程，并在相关利益相关方之间仲裁水事。综合流域管理委员会将附属于现有的流域水利委员会。

（3）水资源管理和监管。加强水资源的管理和执法工作，包括指定水资源保护区以及管理取水许可证和许可后程序、废污水和污染物排放以及生态流量等。

1）加强水体保护。对包括河流、湖泊及其沿岸地区在内的每一个水体，划定并指定三种类型的保护区，以防止土地利用和城镇发展通过永久性建筑物侵占或占用水空间：①蓝线区，包括可能被淹没的地区或边界地区；②绿线区，禁止或限制开发的缓冲区；③灰线区，限制土地利用、可能受到水资源影响或影响水资源的地区。

2）加强水资源利用管理。基于水资源可利用量和生态流量保障要求，严格水资源配置和开发利用。将确定每个流域的分配额度，并细分到不同的河段和水源。水权应以用水许可证为基础，具体规定用水权利和义务以及带有严格排放限制的用水条件。

3）加强水污染防治。水污染防治的重点是改善水质，具体做法是实施“安全、清洁、健康”的水资源保护政策。特别重要的事项包括：①根据水环境和生态承载能力，减少污染负荷，严格控制污染负荷入河量；②加强污水处理设计标准，严格执行经过处理的污水排放质量标准，减少污染负荷。

4）加强水相关风险管理。综合发展规划和（或）区域发展规划将考虑与水相关的风险以及防洪要求。严格禁止开发河流中下游洪水易发区和滞洪保留区。

5）执行法律法规。有必要加大对监督水务的主管部门和提供水服务的运营商的问责。为各级水管理和水服务运行确定和设立改善水治理的指标和目标。然后，依据这些指标和目标定期检查绩效，并在绩效落后于目标时，确定并组织实施纠正措施。

（4）提高透明度和利益相关方的参与度。对中国的水资源进行有效管理需要开发完善一个标准化的综合水资源信息系统，以记录从地方到中央的各级水资源综合管理的所有方面。除国家安全原因和企业商业机密外，受公共财政监测的可能对人类福祉产生影响的所有数据均应在公共网站和网络上公开自由分享，以提高透明度。此外，适当的水治理需要利益相关方的积极参与，其中包括公众有权获取相关信息、参与与水相关的决策制定。城镇水价公开听证制度和其他水量分配问题以及环境影响评价等都必须以标准化公众参与程序为基础。

（5）经济手段。经济手段指利用价格信号优化资源配置。这种手段常用于优化水资源等紧缺资源的配置。若能与水服务和污水处理服务的定价、取水费、排污（排入水体）费以及将资源返还生态空间的补偿机制等结合使用，经济手段的作用将得到加强。

（6）水资源监测和监测能力建设。需要拓展水资源监测能力和网络，以涵盖建议的改善水治理和管理框架。

1）建立监测和计量系统。建立水资源开发、取水、用水、排水、风险管理、生态条件等各方面的全过程监测系统。加强水文和生态监测系统；取水、用水、排水的计量网络将扩大到覆盖所有主要用水户。

2）提高技术和管理能力。为满足更高的水安全要求，中国将提高其技术和管理能力，特别是在监测、计量、预测、风险管理和决策支持等方面的能力。将通过培训进一步加强在水利部门工作的专业人员的能力。决策职位应由拥有合格资质能力的专业人员担任，以更好履行职责。

3）提高认识。通过在学校、社区、企业和家庭开展教育、培训和宣传项目，促进对水安全问题和良好水生态原则的认识。

7.2.8 水风险管理战略

水资源面临着多重风险，其中包括快速经济发展和城镇化的影响以及气候变化、自然灾害和环境污染的影响等。以下措施将有助于管理这些风险。

（1）绘制国家水风险地图。应在分析水安全风险（如洪水和干旱风险）和污染风险的基础上，同时考虑到与气候变化、快速城镇化和经济发展相关的风险等情况，利用地理空间信息技术绘制水风险地图。这些地图应该展示主要河流洪水、较小河流洪水、山洪、山体滑坡、干旱、地震和污染等风险。重要的是，应定期更新这些基于地理位置的灾害风险地图，并将其分发给决策者、一般公众和面临灾害风险的地区。风险地图应附带风险减缓措施，并在县、市和国家层面分别建立早期预警系统。

（2）进行危害识别和标志。除自然灾害地图外，还应绘制危害地图，以标记处理、使用或加工危险有害物质的工业地点。这些地图应与水风险脆弱性地图相联系，标明可能影响水资源的其他风险水平。

（3）建立和加强风险管理和监管体系。加强灾害控制过程的风险管理，包括多灾害预警系统、备灾、灾害响应以及灾后恢复重建。应加强灾害风险监测、识别和评估，以促进灾害的预防和减缓；应制订适当备灾和有效应对灾害的指导方针。对于不同类型的风险，应该制定、批准和实施适用于不同群体的不同措施。通过规范与水相关的人类行为，将减少人为危害以及相关的环境、技术和生物危害和风险。

（4）加强灾后恢复重建。为了促进将灾害风险管理纳入灾后恢复重建，有必要促进救灾与灾后恢复发展之间的联系。在恢复阶段，应寻找机会发展短期、中期和长期减少灾害风险的能力和发展措施。发展措施包括：土地利用规划，结构标准改进，专业技能和知识分享、灾后评估和吸取经验教训。灾后重建应纳入受灾地区的经济社会可持续发展。

（5）针对灾害提供经济保护。应促进建立灾害风险转移和保险、风险分担和保留以及财务保护等机制，以减少灾害对城乡政府和社会的经济影响。

（6）加强预警和应急响应系统。为了发展、维护和加强以人为本的水害应对方案，有必要实施和利用灾害风险预测和预警系统及应急通信系统，包括社交媒体技术和危害监测系统。应加强短期、中期、长期防洪抗旱天气预报。同时应大幅度增加利用多灾害预警系统的机会，并应迅速向公众传播灾害风险信息和评估结果。

（7）强化应对气候变化的能力。随着全球变暖，区域或局部地区都将会有更多的极端气候和天气事件发生。暴风雨等经常导致洪水的极端天气事件的发生频率会增加。必须加强当地减轻水害影响的能力。还必须加强地方主管部门监测、识别和评估灾害风险的手段和能力；应与国家有关部门密切合作，传播准确的灾难风险信息；并作出将灾害易发地区居民进行撤离等相关决定。更要注意应对山洪暴发和山体滑坡，这些灾害在全国各地的中小流域日益频发，造成严重破坏。

7.3 水治理框架

正如经济合作与发展组织所述，水治理的目标是促进提高水利部门的工作效率和工作成效，增进利益相关方对水利工作的信任和参与。由于自然禀赋的多样性和社会环境的差异，没有一种普遍适用于所有国家的良好治理模式。中国是一个特殊的国家，有着独特的水资源禀赋、水情、经济社会发展历史和文化。

中国政府正在推进以社区管理、政府责任和市场主导、部门协调、公众参与和依法治理为重点的社会治理改革。考虑到中国水利部门现有的和潜在的水问题以及薄弱环节，水治理的总体目标应该是提高问责、透明度、有效性、公平性、治理效率和利益相关方的参与度。

水治理是改善水安全的关键。应改革现有的治理框架，使政策和机构更能适应不断变化的环境和水利部门面临的日新月异的挑战。水治理是一个多层次的复杂领域，需要对可能的改革方案进行科学分析，以便有效地解决前述章节所强调的差距和劣势。表 7.2 列示了分级水治理改革框架，涵盖以下实施措施：立法和政策、体制改革、监管和执法、公众参与及市场机制。

表 7.2　　中国水治理框架

目　标	实施措施	指　标	行　动
改善水治理	立法和政策	法律更新和修订	改善中国水治理行动和措施
		新增法律	
		加强政策协调性	
	体制改革	加强领导与协调	
		加强综合管理	
		监管机构和审计机构	
		水服务提供商	
		能力建设	
	监管和执行	水空间保护和管控	
		取用水监管	
		排水排污管理	
		生态流量监管	
		水风险管控	
		资产管理	
		监测和计量	
	公共参与	透明度	
		参与度和意识提升	
		加强问责	
	市场机制	经济手段	
		水市场	
		私人投资	

7.4 战略的监测和实施

利用可量化的指标可以有效监测实现目标和实施战略及其相应措施方面取得的进展。根据适用的水安全维度对这些监测指标进行了分组（见表7.3）。为2030年设定目标时考虑了发展、节水、供水和污水处理的不同水平和备选方案。

表7.3 2014年和2030年改善水安全的量化发展指标

维度	指标	2014年（基准年）	2030年（目标年份）
生活水安全	1. 城镇自来水普及率/%	85	95
	2. 城市多水源保障率/%	31	60
	3. 城乡集中式饮用水水源地水质达标率/%	73	95
	4. 安全及符合标准的农村自来水普及率/%	50	90
	5. 城镇生活用水计量率/%	—	>95
经济生产水安全	6. 用水总量控制比例/%	90.1	100
	7. 缺水率/%	8	3
	8. 万元GDP用水量/m^3	112	49
	9. 农田灌溉水有效利用系数	0.53	0.60
	10. 工业用水计量率/%	—	>95
	11. 农业灌溉用水计量率/%	—	>80
环境水安全	12. 达到或优于Ⅲ类河长比例/%	66	75
	13. 点源COD入河量控制比例/%	191	99
	14. 点源氨氮入河量控制比例/%	244	92
	15. 工业废水处理率/%	—	100
	16. 城镇污水处理率/%	77	93
	17. 农村废污水收集与处理率/%	10	50
	18. 城镇和工业废污水入河量计量率/%	—	>90

续表

维度	指　　标	2014年（基准年）	2030年（目标年份）
生态水安全	19. 严重水土流失区面积比例/%	10.4	5
	20. 河道内生态环境用水挤占比例/%	3.1	0
	21. 地下水超采比例/%	18	0
	22. 淡水湿地保护率/%	48	90
	23. 水生态空间占国土面积比例/%	10.5	14
	24. 生态健康河段比例/%	—	70
	25. 主要河流控制节点和省界断面监测率/%	—	100
水旱灾害防治	26. 洪涝灾害损失率/%	0.4	<0.3
	27. 干旱灾害损失率/%	0.15	<0.5
	28 水旱灾害影响人口比例/%	9	3

第 8 章

水安全的主要政策建议

8.1 加强对水安全的领导与协调

鉴于水安全事务的综合性，需要在最高级别采取若干政策措施，确保水安全问题得到充分解决。

（1）建立国家级水安全领导和协调机制。鉴于水对于持续推进中国经济社会发展和生态文明建设的至关重要性，建议成立一个由副总理牵头的高级别“国家水安全领导委员会”或建立水安全领导架构，水利部承担具体日常工作。国家水安全领导委员会的主要职能包括：①制定中国国家水安全的总体战略和总体规划；②建立保障水安全的各项机制；③规划、发布、部署和协调与水安全相关的政策和改革；④定期研判国家水安全状况，以帮助指导年度工作计划和政策。

（2）将水安全融入国家经济社会安全规划过程。建立更新相关程序，系统地将水安全评估、水风险评估、减缓行动和监测要求纳入经济社会发展规划（如区域发展规划、城镇发展规划、土地利用发展规划、工业园区发展规划等）的制定过程。因此，需要开展全面的水安全和风险评估，并将水安全影响和减缓措施纳入各级政府发展规划的审批程序。

（3）制定国家水安全规划。建议由国务院或授权水行政主管部门组织制定、发布和更新国家水安全规划，明确提出国家层面总体战略和行动计划，以提高国家水安全保障能力。因此，应在国家、流域和区域层面对水安全各个维度的安全状况进行定期核查和定量评估。这也有助于确定国家水安全规划实施情况的监测框架，明确各方责任以及相关指标和目标。

8.2 促进以综合方式开发和管理水资源

要改善中国水安全状况，需要整合与水相关多个方面的政策和行动。

（1）加强流域规划。制定并定期更新基于风险的流域综合规划，涵盖水安全框架的所有五个关键维度，即，生活水安全、生产水安全、环境水安全、生态水安全和水旱灾害防治。该规划应该是涉及所有相关的水行政主管部门或行业的综合性规划。鉴于迫切需要改善所有流域水安全状况，该规划应包括工程和非工程措施和行动，还应包括可以从水安全角度监测规划实施情况的运行预算。

（2）加强流域综合管理。为了支持决策制定过程并实施流域规划规定的措施，应赋予流域委员会法律地位和权责，并制定其运作机制，还应该授权委员会组建技术委员会，以解决每个流域面临的特定水安全问题。委员会的核心任务应该是强化监督、提高透明度和加强问责。它应该帮助改进制定、集成、协调流域规划的机制和程序。强化后的程序应当允许对流域规划内容感兴趣的公共机构和流域利益相关方参与规划的制定和审批。

（3）加强监测和计量。提高水资源监测的能力，主要包括：①加强水文、水资源、水环境、水生态和水灾害的监测网络建设；②加强计量和监测取水、用水和排水的整个过程；③监测废污水排放量、排放浓度，以及接收水体的水质；④监测水生态空间以及水生态健康状况和生态服务。所有用水户和排污单位应当有安装计量装置，向主管部门报告问题或相关读数，并应对其中的缺陷承担责任。

8.3 完善法律和监管框架

运用综合方式实现水安全，需要更新并升级与水相关的法律和监管框架，以确保充分覆盖改善水安全所需的综合特征。

（1）修订现行水法律法规。主要涉及《中华人民共和国水法》和《中华人民共和国水污染防治法》，这两部法律都需要考虑“水安全”和“综合治理”理念以及水安全风险管理的综合性质，主要包括用水控制管理、水生态空间保护和管控、入河污染物控制、用水权和排污权的分配等。随着经济的快速增长，中国正在采取积极主动的方式，通过若干新设政策框架解决新出现的水问题。但是，这些新的政策可能与现有法规政策存在重叠、重复和矛盾，需要对其进行审核和纠正，同时促进两者之间的协同效应。

（2）制定新的法律法规。中国有非常全面的水资源法律法规，但仍存在改进的空间，例如提高它们的质量和实用性，解决新出现的水安全问题。同时也存在一些政策空白，因此，需要制定和颁布新的法律法规，以确保彻底充分地解决水安全问题和减少风险。这些法律法规包括但不限于：①关于流域综合管理的法律或法规；②关于区域发展规划过程中水安全评估的法规；③关于地下水管理和保护的法律或法规；④促进水资源节约和保护的法规；⑤关于排污管理的相关规定；⑥关于水权管理的法规；⑦洪水风险管理和保险规定；⑧关于为修复水生态提供生态补偿的规定。

（3）加强法律法规的执行。通过填补空白进一步加强某些现行法规执行，例如：①水生态空间监管，建立和改善水生态空间保护区；②取水许可证发放和证后监管，合理确定年度用水分配方案和年度取水计划，并应加强对取水单位取水、用水、耗水和排水的计量和监测；③排污许可发放和证后监管，加强排污许可、排污标准、区域生态环境功能和水质之间的联系；④生态流量监管，将生态流量纳入监管目标；⑤人为风险监管，规定控制城镇和工业区向高风险区、脆弱地区发展，例如明确规定洪泛区严格限制开发活动，或明令禁止侵占河流和湖泊空间等。

8.4 制定水生态保护的管控红线、生态准则和负面清单

为不同的水资源保护区域明确划定水生态红线并制定生态准则和负面清单，有助于监测水生态保护工作的成效和进展。

（1）调查生态水文特征。在第一次全国水利普查的基础上，定期对河流、湖泊和湿地进行调查。应当结合历史和调查数据，对这些水体的生态水文特征进行分析，包括水文情势、水资源量、水质、栖息地和水生生物、生态服务功能及其变化过程和影响因素等。

（2）制定分区保护目标和要求。在对流域和区域生态水文特征进行科学分析的基础上，综合考虑平衡经济社会发展和生态环境保护目标，以及合理开发利用水资源，开展河湖保护的分区规划。

（3）划定水生态空间边界。应明确界定水生态空间的边界，主要包括河流和湖泊边界、饮用水水源保护区、水土流失预防保护区、蓄滞洪区。这些类型的边界应在地图上明确标志，供各级管理者作未来土地开发和经济发展的参考指导。

（4）建立不同类型流域和区域的生态准则和负面清单。针对不同类型流域和区域不同的生态水文特征、保护目标和要求，建立生态准则和负面清单，明确定义禁止、限制或规定行为的边界。

8.5 加强生态环境保护和修复

为确保与水相关的生态服务发挥作用，需要实施积极有力的水生态修复方案。

（1）建立水生态数据库。鉴于水生态系统日益退化，需要保护和保障各种水生态系统的代表性样本，这些样本将用于在修复退化栖息地的过程中建立基本参考和遗传材料。目前可获得的水生态系统数据很分散，负责水生态保护的水行政主管部门难以获得这些数据。建立水生态系统数据库和信息系统对于为公共利益而提升生态系统服务、扭转对生态系统的过度使用或损害具有至关重要的作用。

（2）实施生态环境保护和修复。基于流域和区域水生态动态的调查，有必要在国家、流域和地方层面，为每条河流和每个湖洎制订和实施生态环境保护与修复的行动计划。该行动计划应包括河流健康评估（河流健康报告单）、恢复和复原措施成本、生态监测以及实施计划的资金来源。

（3）加强水污染防治。为了平衡经济社会发展与水环境承载能力，主要污染物入河量应严格控制在规定的污染物入河量阈值内，以确保其符合水功能区的水质标准。为了维持水体生态功能，当前点源污染入河量应减少一半，面源污染入河量应减少约40%。这些污染减排目标应该通过推广清洁水行动来实现，例如，加强工业废水预处理、加强取水许可和排污许可管理。

8.6 推动水利基础设施的升级、建设和管理

为了提高水利基本公共服务水平，必须扩大水利基础设施网络及其调度管理系统并使其实现现代化，特别是在水资源调配、水资源保护和监测、洪涝灾害防治、雨水排放、城乡供水以及污水收集和处理等方面。

（1）加强对水利基础设施安全标准的研究。水利基础设施设计标准的升级应以科学评估为基础。研究应侧重于水安全问题的新方面，如水资源变化、经济社会发展（包括正在进行的向绿色经济的转型）、适应气候变化以及提升水安全保障水平的风险抵御能力。

（2）现有水利基础设施升级和现代化改造。现有水利基础设施网络尚不足以服务更多需要帮助的弱势群体，如城镇供水和污水收集处理、农村供水和卫生设施，需要按照功能齐全、体系完善、标准协调、设施精良、控制自如、运行有效、效益持久等现代化要求进行升级改造。应当积极推广生态友好型基础设施，尽

量减少对水生态环境的潜在不利影响。

（3）加强水利基础设施的运行和维护。为了加强水利基础设施网络的管理，建议开发能够提升运行管理、规划或应急响应的相关系统。同样需要发展“数字水利”，具体做法包括在监测站、数据中心、电信、决策支持系统等基础设施中应用信息和通信技术。通过机构改革和制度建设，开发适当的工具和系统，实现所有水利基础设施的有效可持续运行、维护和管理，并保障各级资金的筹措。

8.7 加强需水管理和节约用水

8.7.1 需水管理总体思路

需水管理的目标是通过节水硬件设施应用和用水行为调整，控制当前的用水需求和需水的持续增长。

（1）利用节水硬件设施。

1）节约用水。在取水、输水、配水和用水的水资源开发全过程中采用更高效的硬件加强节约用水。居民节水措施包括安装符合规范的装置，如低流量淋浴喷头、小容量马桶和节水洗碗机。商业和公共节水措施推广使用节水马桶、小便池、水龙头起泡器和商用洗衣机。工业节水措施鼓励使用高效循环冷却系统，包括实施设施水效标志制度。

2）农业（灌溉）节水。包括渠道防渗、管道输水、高效灌溉方式，以及采用人工智能支持的灌溉管理。

3）漏损控制。城镇供水管网和灌溉渠系均应加强漏损控制。

4）供水计量。积极推动面向家庭、企业、工业和农业的城镇供水服务计量，以获得对供水和售水的准确估计。

5）信息和通信技术应用。移动电话和互联网在中国得到了广泛使用。在地方各级的需水管理中可采用移动电话和互联网以及其他通信技术应用手段。

（2）调整用水行为。

1）水价制定。水费定价有必要涵盖提供水服务的全部成本，同时向所有用户提供适当的价格信号以鼓励合理用水。不仅应该针对城镇用水，而且应该针对农村用水和灌溉用水计收水费。地下水开采和使用也应收取特别费用。

2）激励措施。可以采用不同的财政激励措施来鼓励有效利用水资源，包括贴现、退款、节水设备使用补贴、免费处理老旧设备等。对于工业部门，建议采取特别税收优惠措施鼓励安装节水设备。

8.7.2 节约用水

应在以下领域促进节约用水。

（1）农业节水。通过将粮食主产区的大中型灌溉系统升级为现代灌溉系统，可以改善农业节水。这些系统应配备节水装置，如洒水装置、滴灌或微喷头，以及高质量的渠道衬砌。同样也鼓励种植抗旱高产作物品种，改善旱作灌溉，采用节水耕作方法。

（2）工业节水。可以通过整合以下措施实现工业节水：采用节水设备改造和/或更新过时的机器（如对冷却和热处理工序进行此类改造和更新）；提高用水效率，加强水资源的再利用和循环利用）。通过对城镇的水资源、碳排放和能源系统进行整体系统的谋划，实现重大效益。这种方法可以成为建立循环经济的一个关键组成部分，其中包含闭环水循环和物质循环。

（3）城镇节水。城镇节水措施应优先考虑：①针对用水装置实施用水效率规范，即中国制造、进口和销售的所有用水装置都应符合严格的水效和能效标准；②通过为安装符合规范的装置提供补贴，以及通过其他类型的财政激励措施（如贴现、退款和置换补贴），促进居民节约用水；③促进商业和公共节约用水；④实施泄漏控制项目；⑤调控水价。同样重要的是，合理确定水费以收回提供水服务的全部成本，同时发出适当的价格信号以提高用水效率。

（4）地区节水。人均水资源可用量和用水量在各地区间存在显著差异。尽管各地区都制定了减少用水需求的节水措施，但它们往往需要通过社会或经济激励措施才能实施。为了避免重叠和重复，并提高各分部门之间的协同效应，可以在每个地区的不同用户和用途之间对用水需求进行优化、整合和协调。

该战略考虑了中国每个地区独特的可用水量、用水需求和发展阶段。建议按地区采取的战略行动见表 8.1。

1）东北地区。东北地区超采地下水资源，并挤占河道内生态用水。该区域局部地区仍然面临着严重的缺水问题。

2）华北地区。华北地区的水安全对国民经济具有重要意义。这是因为该地区对中国的粮食生产和全国粮食安全具有至关重要的意义。该地区经济发达，人口密集；人均 GDP 高于全国平均水平，但人均水资源量远低于全国平均水平。与东北地区一样，华北地区也存在严重超采水资源的问题，特别是地下水，还挪用对河道内生态流量至关重要的水资源。华北是京津冀地区的所在地，其经济和人口预计将快速增长。

3）东南沿海地区。该地区的战略定位是航运、贸易和出口制造业。东南沿海人口密集。由于资源稀缺、水污染和基础设施不足，该地区正经历水资源短缺问题。目前东南沿海的城镇化率高于全国平均水平，人均GDP高于全国平均水平（高出30%以上）。

4）华中地区。华中地区是中国的粮食主产区。其人均GDP比全国平均水平低近1/4。该地区可用水资源丰富，但只开发利用了20%。

5）西南地区。西南地区位于长江和珠江水系的上游，水资源丰富，是国家的天然水库；但这里没有大型水库。西南地区经济不发达，城镇化率低，但预计将开始迅速发展。该地区的水资源利用程度相对较低，每年人均供水量略高于300 m^3。

6）西北地区。西北地区的未来很脆弱、充满挑战。该地区经济欠发达，可用水资源短缺。水资源开发存在不平衡和过度开发等问题，特别严重超采地下水和挤占河道内生态用水。中国政府的“西部大开发”战略有望加快该地区重要经济区和能源基地的发展。

表8.1　各地区节约用水战略行动

地区	战略行动
东北地区	（1）发展高效节水灌溉，以确保国家粮食安全，并纠正水资源的供需失衡，其抽水和用水的速度彰显了这种失衡现象。 （2）充分利用调水和区域间水资源连通项目，确保城市和工业用水。 （3）加强对湿地保护并返还挪用的生态需水。 （4）控制该地区肥沃平原的水土流失。 （5）通过重新连通河流和湖泊恢复湿地。 （6）提高黑龙江、辽河和嫩江抵御洪水旱灾害的能力
华北地区	（1）在所有行业制定高效节水措施。 （2）通过开发调水系统和水库，增加地表水供给的可用水量。 （3）提高非常规水源的使用程度，如再生水、微盐水或海水淡化。 （4）通过返还被挤占的河道内生态水量和减少地下水的超采，恢复河道内生态流量。 （5）通过新的河流基础设施和改善滞洪区，提高海河流域对洪水灾害的抵御能力

续表

地区	战略行动
东南沿海地区	(1) 加强废污水排放管理，提高水环境质量，特别是长江三角洲和珠江三角洲的水环境质量。 (2) 开发调水和蓄水工程，提高水体的连通性，并开发非常规水源。 (3) 恢复和保护水生态区。 (4) 加强河口基础设施建设，建设海堤，以减轻洪水和风暴潮的危害
华中地区	(1) 建设大中型水库，以保存水资源，满足未来的用水需求。 (2) 加强中小型和微型水利工程，以提高贫困山区的供水安全。 (3) 发展城镇应急水源。 (4) 加固长江及其主要支流的防洪堤防，同时继续建设洞庭湖和鄱阳湖的基础设施
西南地区	(1) 建设调水基础设施和大中型水库。 (2) 加强对主要河流和一些高原湖泊源头的保护，最大限度地减少水土流失和石漠化面积。 (3) 减轻水电开发对水生态的影响。 (4) 加固中小型河流和山区河流防范洪水风险的基础设施
西北地区	(1) 通过减少一些过度开发的灌溉面积并将其改造为高效节水农业，使其水资源利用效率与水资源承载能力相匹配。 (2) 发展地区水资源优化配置的基础设施，以减少地下水超采，并为重点经济区和能源基地提供水源。 (3) 保护重点水资源保护区，修复黑河、石羊河和塔里木河流域。 (4) 加强监测，为山区提供山洪暴发预警系统，提高防洪能力

8.8 调动市场和经济手段

在分配水资源、实现利益最大化方面，有若干市场和经济手段适合水资源使用者和经营者采用。

(1) 对水资源费进行税改，建立水权交易市场。在水资源短缺的情况下，为了鼓励水资源的可持续利用，建议：①改进水资源按使用量付费的制度，推行超额用水累进税或递增费率；②将水资源费纳入税收体系；③建立可靠的水价形成机制，促进节约用水。水资源税改对于水资源短缺且存在严重超采地下水问题的华北地区尤为重要，特别建议在该地区施行。此外，还建议探讨在缺水的流域和地区建立水权和水权交易市场的可能性，以优化水量分配并化解用水矛盾。

（2）开展排污许可证改革，建立排污权交易市场。应对排污许可证制度进行改革，使其成为对固定污染源排污进行监督与管理的有效解决方案：①建立取水许可证与排污许可证之间的关联性；②制定和执行《排污许可证管理条例》和《排污许可证管理办法》；③加强设计，通过排污许可证制度实现各点源管理制度之间的有效联系；④扩大排污许可证覆盖范围；⑤嵌入信息和通信系统；⑥建立污染排放与区域水环境质量的关系；⑦加强对许可后管理的有效监管。建议推动建立排污权交易制度。

（3）建立小流域生态补偿机制。应以小流域为单位，推进跨区域横向水生态补偿机制，优先考虑上游和下游地区之间的经济和生态环境协调。该机制将包括重点生态功能区、江河源头区、饮用水源、敏感河段、水生态恢复区、水土保持区和跨界断面的生态补偿。

（4）改善水相关基础设施和运营市场。建议：①推进公私合作模式（PPP），以吸引社会投资，用于建设和运营通过水费创收的水利基础设施；②发展运营和管理市场，建立节水、污水管理、供水、工程维护、河湖管理等水服务企业；③对节约用水和污水处理实施合同管理，以吸引社会投资。

8.9 增强信息透明度和公众参与

信息透明度和公众的介入及参与是改善中国水安全的关键因素。

（1）提高透明度。提高透明度使得人们理解并落实所建议的积极变革，从而有助于提高政策的执行力度。在适当的法律或监管框架下，应该加强：①发展水生态环境信息的公共平台，涵盖水资源的数量和质量、污染排放和水生态变化等信息；②改善公众对水务信息的获取情况，包括用水情况、成本和费率、水量分配、水服务以及与水相关的决定。

（2）鼓励公众参与。恰当的水治理需要利益相关方的积极参与。除了确保公众能够获取水资源信息外，有效的水治理还需要：①公众介入并参与规划和决策（例如，城镇水价、水量分配和环境影响评价的公开听证和公众监督制度，以及农民代表和用水户协会积极参与灌溉和水利工程）；②在与水问题有关的司法程序中有权获得公设辩护人的帮助；③公众参与有关水资源保护的公益诉讼。

（3）实施问责。需要加强各个层面（如计划的实施及其所取得的成就或存在的不足）的行政问责。应定期针对以下监管目标进行绩效检查：控制取水、用水和耗水；控制水体排污；监管和修复水生态空间；保证生态流量；对水资源进行自然资产管理；水资源承载能力；水安全风险等。当绩效落后于目标时，应该确定和执行整改措施。

（4）提高认识和开展宣传教育。应通过中小学教育、公务员培训、职业教育和非正式教育等，向广大的公众宣传有关节水以及水生态环境保护等知识。利用现代多媒体方式和其他小工具应用程序，不断丰富宣传载体。

8.10 加强研发和创新

（1）加强对基础理论与技术的研究。需要加强关于水安全的科学研究，包括水资源、水环境、水生态、河湖保护、水资源配置和调配、生态监管、水安全评估及核算方法等的基础理论和先进技术。

（2）推广应用新技术。推进新技术、新材料和新工艺的应用和传播。通过政策和行动计划，鼓励节约用水，鼓励为城镇、工业或农业用水开发节水技术；认可和试验新的想法和创新，以实现其可能的实际意义。

第 9 章

中国水资源管理的国际合作

前述章节论述了中国水资源管理存在的问题以及与之对应的建议。目前，中国已在改善水安全方面开展了许多国际合作，取得了显著进展。但中国所面临的水安全问题仍十分突出，如要从根本上解决这些问题，还有漫长的路要走。本书认为，中国可积极与国际组织开展合作，吸收国外先进经验，并将合作成果转化为具体措施加以落实，以加快实现水安全目标。

9.1 建立合作战略

中国应就水资源管理与国际组织建立战略合作关系。例如，亚行与中国已发展为全面合作伙伴关系。长期以来，中国一直是亚行的重要客户、合作方和捐助方。这点不仅体现在贷款方面，而且也体现在知识建设和共享方面，如政策研究、能力建设、创新、推广以及发展经验共享等方面。此外，中国正在与亚行合作，共同支持南南合作。

在过去几十年里，中国一直在农业和包括水在内的自然资源领域与亚行等国际组织开展合作。亚行在中国进行的与水相关的投资占总投资的比例从 1986—1991 年的 5%增加到 2013—2017 年的 45%左右。中国设定了在 21 世纪中叶实现现代化的宏伟目标，然而，全球和区域环境正在迅速变化，水利行业的发展也需要应对这些变化。中国应不断深化与国际组织的合作，持续满足水利行业发展的新需要。

解决区域公共物品、气候变化、城镇化、区域合作与一体化、普惠化和环境管理等方面的问题已成为国际合作的重点。相关合作领域包括但不限于：应对气候变化并管理环境问题、促进区域合作与一体化、促进知识共享、支持体制和治理改革等。具体而言，合作项目可侧重于能够产生区域效益的业务，例如：实现 2030 年温室气体排放承诺；开展减少空气、水、土壤污染的试点项目，推广太阳能以及碳捕获和存储等新兴清洁能源技术。这些战略与中国的发展规划以及国际社会的发展方向相一致。

在与中国联合开展项目的过程中，国际组织也将获得宝贵经验，这有助于为国际组织与其他国家的合作提供重要参考，可将在中国学到的知识和经验推广到其他国家和地区。

为帮助中国政府改善水安全，国际组织可为中国的水资源综合管理和可持续土地利用管理提供支持，包括加强水安全、水治理和水污染防治，改善林业资源管理和水灾害风险管理，推动创新生态补偿机制、水环境监管以及其他市场化手段，从而支持中国的环境保护和污染防治。

私营部门可以在中国的可持续发展中发挥更大的作用，这方面的重点在于应由私营部门主导提出解决水和环境问题及气候变化的相关方案。国际组织在此方面有丰富的经验，可以与中国开展合作，将知识和理念引入实际项目中加以实施，并在中国其他地区和其他国家进行推广，从而有助于实现前述章节所讨论的水安全的五个关键维度的目标（即生活水安全、生产水安全、生态水安全、环境水安全和水旱灾害防治）。

9.2 水资源领域的合作切入点

根据目前中国水资源的发展现状，中国可在长江经济带发展、黄河流域高质量发展、乡村振兴战略和京津冀协同发展等方面加强与国际组织的合作。

9.2.1 长江经济带发展

中国政府发布了《长江经济带发展规划纲要》，将优先生态保护和促进绿色发展作为长江经济带发展的指导原则。为此，中国可以与国际组织就以下方面开展合作：①生态系统修复、环境保护和水资源管理；②实现绿色和包容性产业转型；③建设一体化多模式联合交通运输走廊；④加强体制建设、开展政策改革。

长江经济带的发展将贯彻“红线”政策，并推进河长制工作的开展，以更好地在发展中保护水生态环境。中国可以与国际组织在水资源管理领域进行合作，提升长江经济带的水资源管理能力，开展海绵城市项目试点，推进该区域水资源问题的合理解决。

9.2.2 黄河流域高质量发展

黄河流经青海、四川、甘肃、宁夏、内蒙古、陕西、山西、河南、山东等 9 个省（自治区），然后汇入渤海。黄河全长 5464km，养育着中国约 12%的人口，为约 15%的耕地提供灌溉用水，支撑了中国约 14%的 GDP，并为 60 多个大中城市提供水源。这是中国仅次于长江流域的第二大流域，也是世界上含沙量最大的河流。

2019年9月，中国政府提出，将采取综合措施促进黄河流域生态保护和高质量发展。黄河流域高质量发展将强调空间规划的重要性，切合实际制定人口、城市和工业发展规划，并将水资源作为最大刚性约束。在制定黄河流域的总体规划中将黄河流域水安全作为重要事项。国际组织可在此方面向中国提供支持，具体包括：①对水资源管理的发展战略提出建议；②运用国际专业知识，提出涉水法规和政策的建议；③为旨在促进水资源综合管理和保持水资源高质量发展的基础设施提供资金；④在受水安全威胁特别是洪灾影响和生态退化的中小流域开展综合试点项目；⑤相关成果的传播。

9.2.3 乡村振兴战略

总体而言，中国正面临发展不平衡和不充分的矛盾，政府将推进农业和农村现代化建设，开展乡村振兴工作。但同时中国大多数农村人口居住在小流域地区，废弃物管理不到位、水土流失等问题较为突出，水利工程建设与发展不匹配，小流域的防洪能力普遍较低，水质保障能力不足。应利用包括信息及通信技术在内的高新技术手段，支持农业产业链、资源管理和相关服务体系的建设，助力乡村振兴发展。但同时需要对农村居民提供相应的教育和知识，使农民切实获得乡村振兴和先进技术带来的益处。

中国可以与国际组织进行合作，探索如何在乡村振兴战略背景下促进农业和农村发展。例如，国家发展和改革委员会和财政部于2018年8月29日与亚行签署了《谅解备忘录》，优先考虑在若干潜在领域开展合作，由亚行提供资金援助。这些领域包括：①城乡一体化发展；②改善农村地区的公共服务；③将管理农村地区固体废弃物和污水作为建设生态友好和宜居乡村的重点工作；④帮助当地政府开展与水利发展相关的能力建设。

目前中国的涉水项目已有许多得到了国际组织的支持，如亚行与中国开展的合作项目，帮助中国不同地区改善了供水能力，减少了水污染，加强了污水治理，开展了节水灌溉技术的试点，改进了洪水管理的工程和非工程手段。亚行对保护和修复白洋淀、巢湖、东江湖、海河、三江平原、松花江等重点流域和湿地提供支持。另外，随着水利行业新问题和新挑战的不断出现，需要创新解决方案。例如，亚行60亿美元的乡村振兴一揽子援助计划涵盖了提高用水效率以提高农业生产力的创新项目，还包括通过污水处理、固体废弃物管理和更好的农业实践来改善水质的措施建议。

9.2.4 京津冀协同发展

中国可以与国际组织在京津冀地区等城市群建设与管理领域开展合作。城市群的发展可以促进城镇化建设，实现资源的优化配置，增强辐射带动作用，促进城市群内部各产业的高效发展。目前中国已经批复了10余个城市群的发展规划。国际组织的支持有助于城市群中各城市构建协同发展的格局，促进跨行政区域的合作，从而有效地支持经济、城镇和基础设施发展，促进社会融合、开放共享及生态环境的保护与治理。

9.3 其他潜在合作领域

9.3.1 应对气候变化

气候变化有可能给中国带来巨大影响，且中国是最容易受到气候变化不利影响的国家之一。为应对气候变化的影响，中国政府制定了限制碳排放的短期和中期目标，并制定了相应的政策、战略和计划。为实现这一目标，中国将继续与国际社会合作并获取支持，同时也将与其他国家和地区交流相关知识和经验。国际组织可以与中国就应对气候变化这一问题开展合作，支持中国政府落实 2015 年 12 月 21 日在巴黎联合国气候变化框架公约缔约方大会上提出的国家自主贡献的承诺，有效减少温室气体的排放，促进绿色发展。

9.3.2 实现可持续发展目标

中国政府承诺实施 2015 年在联合国大会第七十届会议上通过的《2030 年可持续发展议程》，并积极寻求国际合作，为全球实现可持续发展目标贡献力量。可持续发展目标（SDGs）覆盖人类社会发展的方方面面，不仅包括卫生和饮用水质量的保障，还涉及水资源的管理，以实现全球人口对基本水和卫生服务的公平获取、水资源合理利用，以及污染物和污水的有效治理。水作为一项公共物品，在地方、区域、流域和全球等各个尺度范围内均有举足轻重的意义。与其他领域不同，中国的水行业仍然由不同部门分散管理，这不可避免地降低了管理的效率和效果。保护及涵养水资源是生态环境管理的重要部分，也是各部门的共同责任。然而，由于缺乏国家层面的总体协调机构，这些部门之间缺乏协调。为更为高效地管理水资源，中国在 2018 年进行了大规模的机构改革，但改革效果尚需时日才能显现。中国可充分吸收流域水资源综合管理和水治理方面的国际先进经验，而国际组织作为重要的合作伙伴，可为中国提供所需经验。

9.3.3 加强流域综合管理

大型流域（如长江流域）内的各行政单元都十分重视环境保护，建立了问责机制。应对水资源和环境保护进行整合，并纳入各级行政机构和部门的工作任务之中。这种整合还有助于解决流域和区域、上游和下游、农村和城镇，以及河流左右岸之间的空间差异。也就是说，需要实现空间、功能和组织的一体化。中国政府正在推行“一河一策”，但仍存在不同河段的发展规划零散、不协调等问题。应当加强而不是削弱流域管理机构在流域综合管理工作中的职能和作用，包括通过适当监测和评价机制进行跨省水资源和环境管理，以避免破碎化管理的问题。国际组织可以在水治理方面向中国提供支持，包括立法、政策、机构、监管、执行、利益相关方的参与，以及水价和水权交易等不同方面。

9.3.4 管理水旱灾害风险

总结近年发生的洪水事件，可以发现，目前中国发生的洪水灾害以及造成的损失，多见于中小流域，而非大江大河的干流。位于中小流域的小城镇的快速发展，增大了山洪和山体滑坡等灾害给人民的生命财产带来的损失，而这在过去并未引起足够的重视。水利部从这些洪涝灾害中吸取教训，于 2017 年 12 月印发了《全国山洪灾害防治项目实施方案（2017—2020 年）》，将山洪灾害列为工作重点，在全国范围内实施。该方案仍需要通过吸收国际先进知识、经验和最佳做法进行完善，并在全国范围推广，如需统筹处理好洪水、环境和生态之间的关系，对有可能影响洪水风险和环境的项目进行充分评估，并推进跨部门间的合作。这些专业知识有助于实施方案的落地。

9.3.5 支持生态补偿机制

生态补偿机制有助于环境和社会的可持续发展，是中国政府力推的一项政策。2010年，中国开始在国家层面建立规范的生态补偿机制，关注重点主要为生态功能区，包括长江经济带等限制开发区。生态补偿可作为一种重要手段，更公平地将国民经济增长的红利惠及较为贫穷的农村地区。为了实现这一点，需要做到以下方面：①适当确定生态补偿率；②改革现有的税制，以支持和鼓励生态系统保护和污染防治；③建立生态补偿仲裁制度；④了解上下游关系和受益人的实际需要；⑤加强监督、监测和评价机制，以保障较高的资金使用效率；⑥对生态补偿方案进行独立的第三方监测；⑦澄清产权；⑧将生态补偿机制纳入脱贫措施。中国政府可与国际组织合作，共同探讨生态补偿机制的合理建立和实施。

9.3.6 促进区域发展和一体化

目前，国际组织（如亚行）与中国水利部门的合作多集中于长江经济带等经济活动较为活跃的地区。然而，中国的水资源问题和条件以及对水资源的需求因地区而异。因此，国际组织的支持和合作可将地域范围扩大到其他地区。例如，在中国东北地区，特别是黑龙江、辽河、嫩江、松花江等流域，中国需要重点加强供水安全、生态安全和抵御洪灾的能力；在华北地区，中国将重点采取高效节水措施，开发非常规水源，减少地下水开采，并将海河流域洪水风险管理放在优先位置；在中部地区，中国政府将加大投入建设储水设施，以满足快速增长的用水需求，加强长江流域洪水风险管理，并在洞庭湖和鄱阳湖建设基础设施；在东南沿海地区，特别是长三角和珠三角地区，将重点开发非常规水资源，加强洪水风险管理并改善废弃物管理；在西南地区，中国政府将建设更多的蓄水基础设施，促进石漠化等地区的水土保持，支持水力发电，加强中小河流的洪水风险管理；在西北地区，将主要在黑河、石羊河和塔里木河流域重点发展高效灌溉和节水农业、控制地下水开采、保护水资源并管理洪水风险。另外，中国的所有地区和所有流域，均或多或少的存在这样或那样的水安全问题需要得到解决。这意味着国际组织与中国政府可以将合作范围扩大到其他流域和地区，并将现有合作所取得的经验推广到其他地方。

9.3.7 改善环境和生态水安全

从前面章节的水安全评估中可知，中国水安全的薄弱环节多集中在环境水安全和生态水安全方面。在这两个水安全维度上，甘肃、河北、河南、陕西、山西、内蒙古、新疆等省（自治区）表现不佳。改善中国水安全的重要举措之一是加强对城市、县城和工业部门点源污染的控制。这需要完善用水监管体系、污水排放许可证制度以及其他类似措施，并有力保障措施的实施。在优先处理点源污染的同时，需要努力减少面源污染，特别是畜牧业污染，以及由于农场过度使用农药化肥造成的面源污染。通过水土保持、加强水生生物多样性（如通过保护生态空间和减少地下水超采来恢复生态系统）、保障生态流量、采用可量化的生态健康指标强化监测评价体系等措施，有效提高生态安全水平。

9.4 "十四五"期间及后续合作展望

2021—2025 年是中国的"十四五"发展时期，是中国全面建成小康社会、实现第一个百年奋斗目标之后，乘势而上开启全面建设社会主义现代化国家新征程、向第二个百年奋斗目标进军的第一个五年。在这个五年中，中国的生态文明建设将取得新进步，生产生活方式绿色转型应有显著成效，生态环境持续改善，生态安全屏障更加牢固。“十四五”的发展目标对中国的水安全提出了更高要求。本书分析的国家水安全评估研究成果将为中国制定与“十四五”发展目标相对应的水安全目标提供重要信息和有力支撑。本书提供的分析和建议涵盖了中国当前和未来水资源开发和挑战的背景分析，以及水资源与中国经济社会结构、增长潜力和未来可能变化的关系。国际组织未来与中国的合作前景光明，潜在合作覆盖多个领域和关键点，如可围绕针对区域公共产品、气候变化、城镇化、区域合作与一体化以及环境管理等问题的不同项目和方案开展合作。

参 考 文 献

[1] XIE J. Addressing China's water scarcity：recommendations for selected water resource management issues [R]. Washington DC：World Bank，2009.

[2] ZHANG Q F，CROOKS R. Toward an environmentally sustainable future：country environmental analysis of the People's Republic of China [R]. Manila：Asia Development Bank，2012.

[3] ADB. Asian water development outlook 2013：measuring water security in Asia and the Pacific [R]. Manila：Asia Development Bank，2013.

[4] ADB. Asian water development outlook 2016：strengthening water security in Asia and the Pacific [R]. Manila：Asia Development Bank，2016.

[5] World Atlas. What are oligotrophic，mesotrophic，and eutrophic lakes? [EB/OL].（2017 - 04 - 25） [2017 - 09 - 06]. https：//www. worldatlas. com/articles/what - are - oligotrophic - mesotrophic - and - eutrophic - lakes. html.

[6] 自然资源部．中国地下水资源：新一轮地下水评价成果 [EB/OL].（2010 - 03 - 26） [2017 - 09 - 06]. https：//wenku. baidu. com/view/4ac6288beff9aef8951e067b. html.

[7] BAI Y，JIANG B，WANG M，et al. New ecological redline policy (ERP) to secure ecosystem services in China [J]. Land Use Policy，2016，55：348 - 351.

[8] BROWN R R，KEATH N，WONG T. Urban water management in cities：historical，current and future regimes [J]. Water Science and Technology，2009，59 (5)：847 - 855.

[9] 国家发展和改革委员会，外交部，商务部．推动共同建设丝绸之路

经济带和21世纪海上丝绸之路的愿景和行动 [R/OL].（2015-03-28）[2017-09-06]. http：//www.xinhuanet.com/world/2015-03/28/c_1114793986.htm.

[10] UN-Water Task Force on Water Security. Water security & the global water agenda：a UN-Water analytical brief [R]. Hamilton，Ontario：United Nations University，Institute for Water，Environment & Health（UNU-INWEH），2013.

[11] United Nations. Transforming our world：the 2030 agenda for sustainable development [R]. 2015.

[12] 国家人口发展战略研究课题组．国家人口发展战略研究报告 [J]. 人口与计划生育，2007，(3)：4-9.

[13] LI X K，TURNER G，JIANG L P. Grow in concert with nature：sustaining East Asia's water resources through green water defense. A World Bank study [M]. Washington，DC：World Bank，2012.

[14] PIAO S，CIAIS P，HUANG Y，et al. The impacts of climate change on water resources and agriculture in China [J]. Nature，2010，467（7311）：43-51.

[15] BARNETT，T P，ADAM J C，Lettenmaier D P. Potential impacts of a warming climate on water availability in snow-dominated regions [J]. Nature，2005，438（7066）：303-309.

[16] LIU S Y，ZHANG Y，ZHANG Y S，et al. Estimation of glacier runoff and future trends in the Yangtze River source region，China [J]. Journal of Glaciology，2009，55（190）：353-362.

[17] HENDERSON L J. Emergency and disaster：pervasive risk and public bureaucracy in developing nations [J]. Public Organization Review，2004，4（2）：103-119.

[18] 殷昊，刘飞，杜立新，等．黄土高原区地形与植被分布规律对滑坡发生概率的影响 [J]. 现代地质，2010，24（5）：1016-1021.

[19] FAO. Poverty Alleviation and Food Security in Asia：Lessons and Challenges，Annex 3：Agricultural policy and food security in China [R]. Rome：Food and Agriculture Organization of the United Nations，1998.

[20] OECD. OECD principles on water governance [R]. Organisation for Economic Co - operation and Development, 2015.

[21] ADB. Country Partnership Strategy: Transforming partnership: People's Republic of China and Asia Development Bank, 2016 - 2020 [R]. Manila: Asia Development Bank, 2016.

[22] WIHTOL R. A partnership transformed: three decades of cooperation between the Asian Development Bank and the People's Republic of China in support of reform and opening up [R]. Manila: Asia Development Bank, 2018.

[23] ADB. Strategy 2030: Achieving a prosperous, inclusive, resilient, and sustainable Asia and the Pacific [R]. Manila: Asia Development Bank, 2018.

[24] ADB. ADB president visits the People's Republic of China, reaffirms partnership [EB/OL]. (2018 - 08 - 29) [2018 - 09 - 01]. https: //www. adb. org/news/adb - president - visits - peoples - republic - china - reaffirms - partnership.

[25] ADB. Technical assistance report: Supporting the application of River Chief System for ecological protection in Yangtze River Economic Belt [R]. Manila: Asia Development Bank, 2017.

[26] ADB. Internet plus agriculture: a new engine for rural economic growth in the People's Republic of China [R]. Manila: Asia Development Bank, 2018.

[27] GROFF S, RAU, S. No reason for city clusters not to succeed [EB/OL]. (2018 - 05 - 02) [2018 - 09 - 01]. https: //www. adb. org/news/op - ed/no - reason - city - clusters - not - succeed - stephen - groff - and - stefan - rau.

[28] OSTI R P. Integrating Flood and Environmental Risk Management: Principles and Practices [R]. Manila: Asia Development Bank, 2018.